제2판

Tourism
Resources
관광자원론

공윤주 저

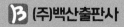 (주)백산출판사

관광(觀光)은 한 나라 또는 그 지역의 빛을 보는 것이다. 보고, 듣고, 먹고, 타고, 사고, 하고, 걷고, 만나고, 즐기고 등 사람은 여행하면서 9가지 행위를 한다. 이 9가지를 행동하는 과정에서 현지 문화를 체험하고 이해하며 나아가 현지 사람과 교류함으로써 문화가 번영하고 오랫동안 인류 평화가 지속된다.

관광자원은 관광객의 관광 욕구를 유발하고 충족시킬 수 있는 매력적인 요소를 가져야 한다. 흔히 눈에 보이는 아름답고 감동적인 자연 경치와 경관을 접하면 우리는 관광자원을 먼저 떠올린다. 북한산 국립공원, 제주도 한라산, 전국 각지에 생긴 출렁다리와 천국으로 가는 계단, 둘레길, 케이블카 등 인구 소멸에서 생존하기 위해 지자체는 관광산업을 반드시 품에 안고 진흥시켜야 할 지상 과제로 갖고 있다.

관광자원은 자연, 인문, 산업 등 폭넓은 식견을 가지고 개념을 정립하는 것이 필요하다. BTS와 블랙핑크는 관광자원인가? 대학교 캠퍼스가 관광자원일 수 있을까? 등 다양한 고민이 필요하다. 지금까지 관광자원은 국보, 보물, 문화재, 민속자료 등 유무형의 익숙한 자원으로 구분하였으나 관광정부, 지방관광정부가 2010년 이후 관광100선, 관광의 별, 테마관광10선 등의 다양한 시각에서 접근하고 있다.

2022년 1월부터 기획하고 자료를 수집하며 콘텐츠를 구성하여 1년 6개월 동안 작업하면서 2023년 8월에 초판이 나왔다. 관광자원론은 저자와 학교마다 약간의 차이는 있으나 주로 우리나라 관광자원을 바탕으로 자연관광, 문화관광, 사회관광, 산업관광, 위락관광 중심으로 구성한다. 본서가 기존 교재와 다른 점은 우리나라, 대한민국에 관한 이해로부터 시작했다는 것이다. 대한민국 국호, 위상, 영토, 위치, 자연환경과 인문환경, 행정구역을 간략하게 소개했으며, 관광지를 좀 더 확장하여 이른바 관광명소를 별도의 장으로 구성하여 「관광진흥법」에 나타난 관광지, 관광단지, 관광특구 외에 문화체육관광부와 한국관광공사의 공모사업인 한국관광의 별, 한국관광 100선, 대한민국 테마여행 10선 등을 추가했다. 그리고 우리나라 관광명소에서 흔히 보는 문화재를 좀 더 쉽게 이해할 수 있도록 간략하게 관광자원 용어를 수록했다.

초판이 나온 지 1년도 안 돼 제2판 작업을 하는 가장 큰 이유는 문화재청의 체계 변경 때문이다. 1962년에 제정한 문화재보호법에 따른 문화재 체계가 2024년 5월 17일 관련 법 시행으로 국가유산 체계로 전환했다. 문화재보호법을 폐기하고 국가유산기본법, 문화유산의 보존 및 활용에 관한 법률, 무형유산의 보전 및 진흥에 관한 법률, 자연유산의 보존 및 활용에 관한 법률 등으로 개정했다. 문화재를 국가유산으로 통합하고, 국가유산을 문화유산, 자연유산, 무형유산 세 가지로 분류했다.

문화재를 보는 관점과 기준이 변했고, 문화재라는 용어도 국제기준과 어긋난다. 문화재는 사전적 의미로 물건을 뜻하고 돈으로 가치를 평가한다. 주로 오래된 물건이 떠오른다. 종묘제례악, 대구 도동 측백나무 숲 등 무형유산과 자연유산은 물건이 아니기 때문에 문화재에 포함될 수 없다. 또한, 유네스코 등재유산은 세계유산, 무형문화유산, 세계기록유산 등으로 구분하고 있으므로 국제기준과도 맞지 않는다. 본서 제2판 내용 또한 문화재를 유산으로 모두 바꾸고 통일했으며, 각종 통계 현황도 2024년 기준으로 최신 정보로 수정, 추가, 보완했다.

관광학을 전공하고 배우고 있으며 학생과 함께한 시간이 20년이 훌쩍 지났다. 세계가 일터인 관광학도들에게 관광자원은 선택이 아닌 반드시 체득해야 할 교과목으로 인정해야 하며 우리나라 관광 현장을 바탕으로 더 많은 내용을 보완하여 계속해서 집필할 것을 약속드린다.

출판을 기꺼이 허락해 주신 백산출판사 진욱상 대표님과 임직원분들의 노고에 심심한 감사를 드리며, 은혜를 주신 분들을 잊지 않고, 베푼 분들은 기억하지 않는 참다운 인생, 관광(觀光)하는 마음으로 정진하겠습니다.

저자 씀

차례

제4장   문화관광

제5장 사회관광

제1장

대한민국
이해

관광
자원론

Tourism Resources

대한민국 이해

① 국호와 위상

우리나라는 대한민국 헌법 표제와 제1조에 따라 공식 국호는 대한민국(大韓民國)이며 1950년 1월 16일 제정된 국무원 고시 제7호 「국호 및 일부 지방명과 지도색에 관한 건」 에 따라 약칭은 대한(大韓)과 한국(韓國)으로 정해져 있다. 역본과 정부령에 따라 정식 영어 식 국호 명칭은 Republic of Korea며 통상적으로는 South Korea를 사용한다. 대한민국 은 OECD 출범 이후 원조받던 수혜국에서 원조하는 공여국으로 바뀐 국가 중 하나며, 주 요 20개국 정상회의인 G20 회원국이다. 한국 영화, 한국 드라마, K-POP, 온라인 게임, 웹툰 등으로 대표되는 대한민국 소프트 파워는 소위 K-Culture라고 불리면서 오늘날 세 계적인 영향력을 행사하고 있다. 경제 규모는 GDP 10위(1조 6천억 달러, 1인당 31,000달러), 수출 규모 5위(5,700억 달러), 수입 규모 8위(4,700억 달러)의 경제 대국이자 선진국이며, 국 방비는 세계 8위(450억 달러)다.

② 영토와 위치

대한민국 헌법(제3조)상 영토는 '한반도와 그 부속 도서'지만 실효 지배지역은 휴전선 이남에 국한하며 면적은 100,432km²로 한반도의 44.9%(약 45%)에 해당한다. 최북단 강원도 고성군 현내면 대강리, 최남단 제주특별자치도 서귀포시 대정읍 마라리, 최동단 경상북도 울릉군 울릉읍 독도리, 최서단 인천광역시 옹진군 백령면 연화리 등으로 이루어져 있다.

우리나라는 동경 124도와 132도 사이, 북위 33도와 43도 사이, 유라시아 대륙 동쪽, 북태평양 북서쪽에 있는 반도 국가다. 북쪽은 중국, 러시아와 육상으로 국경을 맞대고 있고, 대한해협을 사이에 두고 일본과 마주하고 있다. 우리 국토의 지리적 잠재력은 매우 크다. 우리 국토는 광활한 유라시아 대륙과 거대한 태평양이 만나는 지점으로, 교역과 물류의 중심이며 지식과 정보가 유통되는 공간이다. 한반도와 그 주변 지역은 세계 경제 중심이다. 이미 대한민국, 일본, 중국의 국민총생산(GNP) 합계는 미국·유럽연합(EU)과 비슷하며, 지역 내 교역과 경제적 의존도가 계속해서 증가하고 있다. 서울을 중심으로 반경 2,000㎞ 내에는 인구 100만 명 이상의 대도시 40여 개가 있다. 우리 국토는 모양이 남북으로 긴 형태로 동경 135도의 단일 표준시를 사용하며, 그리니치 표준시(GMT)보다 9시간 빠르다.

③ 자연환경

1) 지형

한반도는 동쪽으로는 높은 산지가 급경사로 이루어지고, 서쪽으로는 서서히 고도가 낮아지는데 이를 동고서저(東高西低)라고 한다. 높은 산들은 대부분 동부 지방에 치우쳐서 한반도의 등줄기라 불리는 태백산맥에 자리한다. 태백산맥의 대표적인 산이 설악산(1,708m)이다. 태백산맥의 남서쪽으로 소백산맥이 이어지며 그중에는 지리산(1,915m)이 유명하다. 제주도에는 대한민국에서 가장 높은 산이자 사화산인 한라산(1,947m)이 있다.

여름에는 집중 호우로 연강수량의 약 60% 이상이 집중되며, 한강, 금강, 영산강, 섬진강, 낙동강이 대표적인 강이다. 대다수 강이 산지가 많은 동쪽에서 평평하고 낮은 구릉이 많은 서쪽으로 흐른다. 산맥을 경계로 지역의 문화나 풍습이 크게 차이가 나기도 한다. 산맥으로 가로막힌 지방은 고개를 넘어 왕래했는데 영서 지방과 영동 지방을 연결하는 태백산맥의 대관령 · 한계령 · 진부령 · 미시령, 중서부와 영남 지방을 연결하는 소백산맥의 죽령 · 이화령 · 추풍령 · 육십령 등이 산맥을 넘는 주요한 교통로로 사용된다.

서해와 남해 연안은 해안선이 복잡한 리아스식 해안으로 조수 간만의 차가 크고 해안 지형도 꽤 평탄하여 넓은 간석지가 전개된다. 수많은 섬이 있어서 다도해라고도 불린다. 반면에 동해 연안은 대부분 해안선이 단조롭고 수심이 깊으며 간만의 차가 적다. 해안 근처에는 사구 · 석호 등이 형성되어 있고 먼 해상에 화산섬인 울릉도가 있으며 그보다 동쪽으로 약 87.4km 거리에 대한민국 최동단인 독도가 위치한다.

그림 1-1 **우리나라 지방 구분**

자료: 위키백과

한반도의 지방은 주로 산맥이나 강을 경계로 구분한다. 태백산맥이나 임진강 등의 자연 지형이 나누는 지역의 생활권에 따라 관북 지방, 관서 지방으로 표현하고, 관동 지방은 태백산맥을 기준으로 영동과 영서로 나눈다. 이러한 명칭은 오랜 시간을 통해 정착되었기에 일정한 사회 규약으로 수용하여 그대로 사용하고 있다.

2) 기후

북위 33도~38도, 동경 126~132도에 걸쳐 있어 겨울에 북부 지역은 편서풍으로 인해 시베리아와 몽골고원의 영향을 받아 대륙성 기후가 나타나는데 건조하고 무척 추우나 남부 지역은 이런 영향을 적게 받아 상대적으로 온난한 편이다. 여름에는 태평양의 영향을 받아 해양성 기후의 특색을 보여서 고온다습하다. 계절은 사계절이 뚜렷이 나타나며 대체로 북부 지역은 여름과 겨울이 길고 남부 지역은 봄과 가을이 길다.

비는 주로 여름에 많이 내리는데 연강수량의 50~60%가 이때 집중된다. 이를 장마라고 하며 특히 6월 말에서 7월 중순까지를 장마철이라 한다. 습도는 7월과 8월이 높아서 전국에 걸쳐 80% 정도고 9월과 10월은 70% 내외다. 태풍은 북태평양 서부에서 연평균 28개 정도가 발생하여, 이 중 두세 개가 한반도에 영향을 미친다.

본래 4계절이 뚜렷한 기후 환경이었으나 지구 온난화 등의 영향으로 봄, 가을의 기간이 급격히 줄어들고 게릴라성 폭우로 특징되는 열대성 호우가 잦아 아열대화가 진행되면서 어업과 농업에 많은 변화를 초래하고 있다.

④ 인문환경

대한민국 인구는 2024년 7월 1일 기준 51,751,065명으로 아시아 13위, 세계 28위에 해당한다. 그에 비해 국토 면적은 좁은 편에 속해서 인구밀도는 516명/km²에 달해 세계 3위다. 평균 수명은 2020년 기준 83.5세로 세계 평균에 비해 상당히 높은 편이다. 남성의 평균 수명은 80.5세이고 여성의 평균 수명은 86.5세다. 하지만 이렇게 평균 수명이 길어져 노인 인구(65세 이상)는 17.5%에 달해 고령사회에 진입했고 2030년 이전에 초고령사회(65세 인구가 30% 이상)로 진입할 것으로 예측하며, 0~14세 유년층 인구는 11.5%에 불과해 노인 인구가 유년층 인구를 넘어섰다.

⑤ 행정구역

대한민국 행정구역은 우리나라 통치권을 행사하는 지역에서 1개의 특별시, 6개의 광역시, 6개의 도, 3개의 특별자치도, 1개의 특별자치시로 구성된다. 17개 행정구역은 광역지방자치단체로 분류한다. 특별시는 자치구로, 광역시와 도는 자치구와 자치군으로 하위 행정구역을 두며, 기초지방자치단체(226개)로 분류한다. 특별자치도와 특별자치시에는 기초지방자치단체를 두지 않으며, 특별자치도에는 자치시가 아닌 행정시를 둔다. 행정시는 특별자치도지사 직속으로 그 역할을 하며 기초지방자치단체 권한이 없다. 2023년 12월 기준으로, 8개 도와 6개 광역시에는 총 75개의 자치시와 82개의 자치군이 설치되어 있으며, 특별시와 6개 광역시에는 총 69개의 자치구가 있다.

그림 1-2 대한민국 행정구역도

　　대한민국 수도 서울특별시는 국내 최대 도시다. 삼국시대 백제의 첫 수도인 위례성이었고, 고려의 남경이었으며, 조선의 수도가 된 이후로 지금까지 대한민국 정치·경제·사회·문화의 중심지다. 중앙으로 한강이 흐르고, 이를 기준으로 강북과 강남 지역으로 구분한다. 북한산, 관악산, 도봉산, 불암산, 인릉산, 청계산, 아차산 등의 여러 산들로 둘러싸인 분지 지형의 도시다. 서울 면적은 605.23km²로 대한민국 면적의 0.6%, 인구는 약 950만 명으로 대한민국 인구의 17%를 차지한다. 시청 소재지는 중구며, 25개 자치구가 있다. 1986년 아시안 게임, 1988년 하계 올림픽, 2010년 서울 G20 정상회의 등을 개최하였다. 2020년 기준 서울 지역내총생산은 약 444조 원이다.

표 1-1 대한민국 광역지방자치단체 개요

행정구역	넓이(km²)	인구(명)	시·도청 소재지
서울특별시	605.20	9,770,638	중구
부산광역시	769.89	3,436,230	연제구
대구광역시	883.57	2,458,138	중구
인천광역시	1,062.60	2,956,063	남동구
광주광역시	501.24	1,459,208	서구
대전광역시	539.35	1,487,605	서구
울산광역시	1,060.79	1,153,735	남구
세종특별자치시	464.87	320,326	보람동
경기도	10,183.46	13,104,696	수원시, 의정부시
강원특별자치도	16,875.03	1,540,445	춘천시
충청북도	7,407.29	1,598,868	청주시
충청남도	8,226.14	2,125,372	홍성군
전북특별자치도	8,069.05	1,832,227	전주시
전라남도	12,318.79	1,875,862	무안군
경상북도	19,031.42	2,671,587	안동시, 포항시
경상남도	10,539.56	3,371,016	창원시, 진주시
제주특별자치도	1,849.15	667,522	제주시
계	100,387.4	51,829,538	

제**2**장

관광자원
개념

관광
자원론

Tourism Resources

관광자원 개념

① 관광자원 개념적 접근

관광자원은 매력적인 요소를 가지고 관광객의 관광 욕구를 유발하고 충족시킬 수 있어야 한다. 매력이란 관광객의 흥미를 이끌고 자극하며 관광객을 유혹하게 만든다. 관광자원은 크게 자연과 인간으로 구분한다. 자연 그대로와 인간이 만든 인위적인 자원이다. 관광자원을 개발할 때는 주민 소득, 고용 확대, 환경을 보전하면서 국토의 균형개발이 목표가 되어야 한다. 국제 수준의 관광시설 확보와 수려한 자연과 역사와 전통을 배경으로 한 우리 고유문화를 보호해야 하며, 지역관광과 지방관광의 활성화, 대도시 중심 개발 탈피 등 새로운 접근 방식이 필요하다.

우리 국민이 국내관광을 외면하는데 외국인이 우리나라를 방문하겠는가?

관광자원은 자연, 인문, 산업 등 폭넓은 식견을 가지고 개념을 정립하는 것이 필요하다. BTS와 블랙핑크는 관광자원인가? 대학교가 관광자원인가? 등 다양한 고민이 필요하다. 지금까지 관광자원은 국보, 보물, 문화재, 민속자료 등 유무형의 익숙한 자원으로 구분하였으나 2010년 이후 관광100선, 관광의 별, 테마관광10선 등 관광정부, 지방관광정부가 다양한 시각에서 관광자원화하고 있다.

② 관광자원 요건과 특성

1) 요건

관광자원은 색다름, 접근성, 경제, 혜택 등 4가지를 갖춰야 한다. 관광자원은 뭔가 특별함이 있어야 하는데 이를 차별화라고 하며 색다름이라고도 일컫는다. 어느 지역을 가더라도 출렁다리가 있고, 케이블카가 바다와 산을 가로질러 관광객을 실어 나르고 있으며, 유사한 짚라인, 스카이워크 등 다르지 않으면 관광소비자는 금방 질리게 된다. 아무리 멋지고 훌륭한 관광자원이라도 접근하기 힘들면 관광자원으로서의 가치를 잃게 된다. 관광객이 관광자원에 쉽게 그리고 다양한 교통편을 통해 갈 수 있어야 한다.

일부 계층만이 향유하는 관광자원은 그 가치 없다. 많은 관광객이 다양하게 경제적으로 보고, 느끼고, 체험할 수 있어야 한다. 관광자원에 대한 관점은 관광객마다 추구하는 혜택이 다를 수 있다. 대학 입학 기념으로, 부모님 고희 기념으로, 사랑하는 사람과 100일 기념으로 등 다양한 목적으로 관광자원에 접근할 것이다.

2) 특성

관광자원의 특성은 크게 3가지다. 주관성, 포괄성, 가변성이다.

관광객은 관광자원을 바라보는 관점에 따라 그 가치가 달라진다. 객관적인 기준이 될 수 없고 개인이 추구하는 성향, 혜택, 가치, 목적 등이 다르기 때문이다. 관광자원은 국보, 보물, 사적, 명승, 민속자료 등 국가나 지방정부에서 지정한 문화재만을 떠올려서는 안 된다. 과거 한류관광부터 최근 K-콘텐츠 등 다양한 접근과 시각으로 협의적 판단보다는 광의적이고 포괄적인 사고가 필요하다. 관광자원은 관광객의 욕구 대상이다. 과거에는 관광자원이었지만 지금은 관광자원으로서 가치를 잃게 된 소나무군락지, 빵이나 커피를 먹고 마시던 카페가 이제는 대도시 근교에 창고형 베이커리 카페로 자리 잡아 관광객들로 북적이고 있으니 관광자원은 언제든지 변할 수 있다.

③ 관광자원 분류

관광자원은 자연, 인문, 복합 관광자원으로 나눌 수 있다. 관광자원 분류는 다양성을 기반으로 연구목적과 상황에 따라 구분하는데 일반적으로 관광자원의 유형은 성격, 이용 수준, 입지, 관리주체 등에 따라 달라질 수 있다.

1) 자연 관광자원: 관광자원의 형성과정에서 인위적인 영향이 가해지지 않은 것

① 지형과 지질 자원: 고원, 구릉, 계곡, 동굴, 사막, 산악, 섬, 온천
② 기상과 천문 자원: 공기, 구름, 눈, 달, 비, 별, 안개
③ 식물과 동물 자원: 낙엽, 삼림, 어류, 화초

2) 인문 관광자원: 인위적인 활동의 결과에 따른 관광자원

(1) 문화 관광자원

① 문화유산: 기념품, 민속자료, 유형 및 무형 문화재
② 문화시설: 미술관, 박물관, 기타 문화시설

(2) 사회 관광자원

① 사회형태: 사회, 교육, 촌락형태, 도시의 구조, 문화시설
② 생활형태: 풍속, 관습, 신앙, 음식
③ 위락시설: 놀이, 스포츠, 카지노, 복합리조트

(3) 산업 관광자원

① 공업: 공장시설, 공업단지

② 농업: 농장, 농원, 목장

③ 어업: 해산물 가공시설

④ 임업: 자연휴양림, 산림욕장

⑤ 상업: 박람회, 전시회, 백화점

⑥ 산업시설: 교통시설, 운하, 댐

(4) 복합 관광자원

자연+인문=농어촌, 리조트, 골프장, 캠핑장, 승마장 등

표 2-1 관광자원 분류

구분	유형		구성 요소
한국관광공사 (1983)	유형 관광자원	자연적 관광자원	산, 바다, 강, 동굴, 온천, 동식물
		문화적 관광자원	문화재, 유적, 사적, 사찰
		사회적 관광자원	행사, 풍속, 예술, 스포츠, 축제
		산업적 관광자원	공장, 주말농장, 백화점, 휴양림
		관광 및 레크리에이션 자원	스키, 골프, 테마파크, 카지노
	무형 관광자원	인적 관광자원	국민성, 관습, 예절, 풍속
		비인적 관광자원	종교, 사상, 철학, 음악, 가곡
Gunn (1984)	자연자원	자연적 관광자원	산악, 내수면, 해안, 온천, 동식물
	문화자원	문화적 관광자원	고고학적 유적, 박물관, 축제
이장춘 (1997)	유형 관광자원	자연관광자원	자연보전특별지구, 국립공원
		인문관광자원	문화관광자원, 산업시설
	무형 관광자원	인적 관광자원	국민성, 풍습, 언어, 전통
		비인적 관광자원	종교, 철학, 역사, 문화
공윤주 (2023)	자연 관광자원		산, 바다, 강, 동굴, 온천, 동식물
	문화 관광자원		문화재, 유적, 사적, 사찰
	사회 관광자원		행사, 풍속, 예술, 스포츠, 축제
	산업 관광자원		공장, 주말농장, 휴양림
	위락 관광자원		스키, 골프, 테마파크, 카지노

제**3**장

자연관광

관광
자원론

Tourism Resources

제**3**장

자연관광

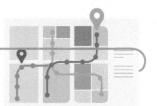

학습목표

1. 자연관광의 개념과 성격을 이해할 수 있다.
2. 국립공원, 도립공원, 군립공원, 지질공원 현황을 파악하여 산악관광을 설명할 수 있다.
3. 해양관광의 개념, 분류, 특성을 이해하여 섬, 갯벌, 마리나 관광을 설명할 수 있다.
4. 내수면 관광의 개념을 파악하여 국가하천의 관광자원 가치를 설명할 수 있다.
5. 온천, 동굴, 생태관광의 개념을 이해하여 관광자원 가치를 설명할 수 있다.

제1절 자연관광 개념과 성격

① 자연관광 개념

　자연 관광자원은 자연환경을 대상으로 하는 것으로 관광의 성격상 매우 중요한 자원이다. 자연환경은 기후 조건과 지형 요인 등이 있으며, 자연환경 상태에 따라 지역 차가 발생할 수 있다. 자연 관광자원 가치는 도로와 교통수단 등의 개발 조건과 결합하여 가치를 증대시키며, 자연 자원을 대상으로 개발한다. 관광자원을 보호하고 육성해야 하며, 우수한 자원을 관리하지 않으면 그 가치와 개발의 효용성이 저하된다. 본서에서는 자연관광을 국립공원, 도립공원, 지질공원 등의 산악관광, 섬, 갯벌, 마리나 등의 해양관광, 한강, 낙동강, 금강, 영산강 등의 내수면관광, 온천, 동굴, 생태관광으로 분류한다.

② 자연관광 성격

자연관광은 관광객이 이동하면서 대상물을 감상하는 것으로 우리나라처럼 사계절에 따라 그 특색이 다양한 계절성이 나타난다. 자연경관은 구성 정도에 따라 다양한 모양의 형태가 되며, 환경과 사회 요인에 의해 훼손과 파괴 등의 변화로 가변성이 있다. 재고가 없는 비저장성이며, 지역과 지형에 따른 다양한 모양과 형태로 발전하며, 일반 제품과 다른 비보관성을 띠며, 관광 욕구가 충족돼야 만족도가 높다. 다양성과 매력성은 관광객의 행동을 유발하는 유인성 효과가 있으며, 자원을 보호, 보존, 보전해야 한다.

제2절 산악관광

① 산악관광 이해

산악자원은 아름다운 산, 계곡, 기암절벽 등이 어우러진 웅장한 산세를 말하며, 계절에 따른 자연의 변화와 함께 사는 각종 동·식물들의 조화로운 자원이다. 특히, 우리나라는 국토 면적에서 산이 차지하는 비율이 70%에 가까운 산악 중심이다. 대표적인 산악관광자원은 국립공원, 도립공원, 군립공원, 지질공원 등으로 국가에서 지정과 인증을 관리하고 있다.

② 국립공원 현황과 분석

1) 국립공원 개념과 이념

국립공원은 우리나라를 대표할 만한 자연생태계와 자연, 문화 경관의 보전을 전제로 지속가능한 이용을 도모하고자 환경부 장관이 지정, 국가가 직접 관리하는 보호지역이다. 자연의 개념을 활용가능한 자원에서, 보전 대상으로 전환했으며, 신비스러운 곳을 특정 개인이나 단체의 사유지가 안 되게 하였다. 모든 국민이 보고 즐길 수 있도록 관리한다. 옐로우스톤 지역을 국립공원(National Park)으로 지정하자는 내용으로 탐사보고서가 작성된 후 미국은 1872년 3월 1일 옐로우스톤 지역을 세계 최초로 국립공원으로 지정했다.

2) 국립공원 기능

국립공원은 산업발전에 따라 자칫 소홀할 수 있는 자연과 환경에 대한 보전을 전제로 국민의 보건과 복지에 이바지할 수 있는 밑거름이자 미래세대에 물려줄 소중한 유산이다. 국립공원은 다음과 같이 4가지 기능이 있다.

- 풍부한 종의 다양성을 지닌 자연 생태지역으로서 미래를 위한 유전자원 보고
- 청정한 자연환경과 수려한 경관지를 공공에 개방하고 제공하는 국민 휴식처
- 다른 지역은 불가능한 자연과 생명의 신비에 대한 조사 · 연구를 통해 공공 이익에 기여
- 보전의 결과로 다양한 자연적 · 문화적 정서 함양을 위한 교육의 장 제공

3) 국립공원 도입

우리나라 국립공원은 1967년 2월 국회를 통과하고 3월에 법률 제1909호 공포, 1967년 11월 국립공원위원회와 12월 민간인으로 구성된 소위원회 채택, 1967년 12월 27일 국토종합계획 심의회를 통과하여 1967년 12월 29일 건설부 장관이 지리산을 우리나라 제1호 국립공원으로 지정하고 공고했다. 국립공원 관리 주무 부처는 건설부(1967), 내무부(1990), 환경부(1998) 등으로 변경되었다.

4) 국립공원 지정

국립공원은 우리나라의 자연생태계와 문화 경관을 대표할 만한 자원의 보고로서 환경부 장관이 지정한다. 국립공원 지정은 자연공원법령 규정에 따라 다섯 가지의 필수 요건을 만족해야 한다.

① 자연생태계: 자연생태계 보전상태가 양호하거나 멸종위기와 보호 야생 동·식물, 천연기념물 등이 서식할 것

② 자연경관: 자연경관 보전상태가 양호하여 훼손이나 오염이 적으며 경관이 수려할 것

③ 문화경관: 문화재 또는 역사적 유물이 있으며, 자연경관과 조화되어 보전 가치가 있을 것

④ 지형보존: 각종 산업개발로 경관이 파괴될 우려가 없을 것

⑤ 위치와 이용 편의: 국토의 보전·관리 측면에서 자연공원을 균형 있게 배치할 수 있을 것

전국 23개 국립공원은 유형에 따라 산악형(19개), 해상·해안형(3개), 사적형(1개) 공원으로 관리·운영하고 있다. 전 국토 대비(100,399㎢) 국립공원 면적은 4.0%(해상면적 제외)에 해당하는 6,726㎢며, 국립공원 면적 중 59.1%인 3,972㎢가 육상이며, 나머지 2,754㎢(40.9%)가 해상 공원구역이다. 자연생태계의 보고인 국립공원은 국내 기록 생물종(45,295종)의 45%에 해당하는 20,568종이 서식·분포하며, 국내 멸종위기종(246종)에 한정했을 때 65%에 달하는 160종이 국립공원 내에 서식하는 것으로 확인되었다. 대표적인 문화 경관인 명승지와 사찰 등 국보 41건을 비롯한 지정문화재 733건이 있다. 국가 최대 휴식 공간으로 자리매김한 국립공원을 찾는 탐방객 수는 연간 약 5천만 명에 달한다.

표 3-1 우리나라 국립공원 현황

지정순위	공원명	위치	공원구역		비고
			지정연월일	면적	
계	23개소			6,888.394㎢	육지: 4,106.019 해면: 2,782.375
1	지리산	전남·북, 경남	'67.12.29	483.022	
2	경주	경북	'68.12.31	136.550	
3	계룡산	충남, 대전	'68.12.31	65.335	
4	한려해상	전남, 경남	'68.12.31	535.676	해상 408.488
5	설악산	강원	'70. 3.24	398.237	
6	속리산	충북, 경북	'70. 3.24	274.766	

지정 순위	공원명	위 치	공원구역		비 고
			지정연월일	면적	
7	한 라 산	제주	'70. 3.24	153.332	
8	내 장 산	전남·북	'71.11.17	80.708	
9	가 야 산	경남·북	'72.10.13	76.256	
10	덕 유 산	전북, 경남	'75. 2. 1	229.430	
11	오 대 산	강원	'75. 2. 1	326.348	
12	주 왕 산	경북	'76. 3.30	105.595	
13	태안해안	충남	'78.10.20	377.019	해상 352.796
14	다도해상	전남	'81.12.23	2,266.221	해상 1,975.198
15	북 한 산	서울, 경기	'83. 4. 2	76.922	
16	치 악 산	강원	'84.12.31	175.668	
17	월 악 산	충북, 경북	'84.12.31	287.571	
18	소 백 산	충북, 경북	'87.12.14	322.011	
19	변산반도	전북	'88. 6.11	153.934	해상 17.227
20	월 출 산	전남	'88. 6.11	56.220	
21	무 등 산	광주, 전남	'13. 3. 4	75.425	
22	태 백 산	강원, 경북	'16. 8.22	70.052	
23	팔 공 산	대구, 경북	'23.12.31	126.058	

자료: 국립공원공단

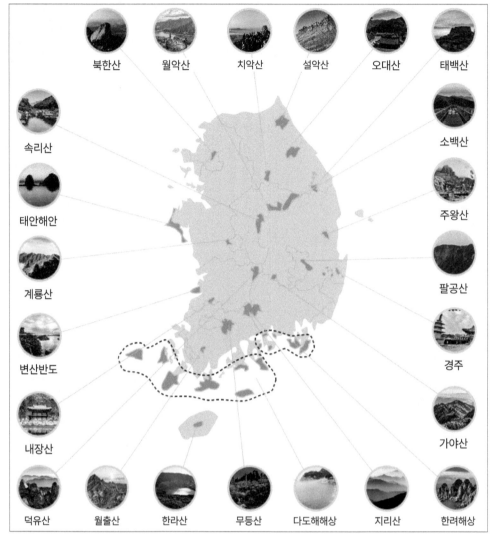

북한산 월악산 치악산 설악산 오대산 태백산

속리산 소백산

태안해안 주왕산

계룡산 팔공산

변산반도 경주

내장산 가야산

덕유산 월출산 한라산 무등산 다도해해상 지리산 한려해상

자료: 국립공원공단

표 3-2-1 **연간 탐방객 수**

(단위 : 명)

연도별 공원별	2018년	2019년	2020년	2021년	2022년	2023년
계	43,824,139	43,184,247	35,277,568	35,901,970	38,793,952	39,455,36
지 리 산	3,308,833	3,005,498	2,669,076	2,864,374	3,782,921	3,807,428
경　　주	2,887,634	2,999,547	1,836,948	2,389,314	2,796,288	3,451,442
계 룡 산	1,817,602	1,949,660	2,239,068	2,149,164	2,317,672	2,306,344
한려해상[2]	6,439,653	6,328,709	3,700,609	3,252,991	3,842,065	3,992,593
(오 동 도[3])	(3,001,213)	(2,908,368)	(1,697,282)	(1,349,556)	(1,319,931)	(1,407,177)
설 악 산	3,241,484	2,868,098	1,947,361	1,918,390	2,067,328	2,242,781
속 리 산	1,244,854	1,285,804	986,092	987,504	1,107,659	1,149,292
한 라 산	891,817	848,279	699,117	652,706	850,744	923,680
내 장 산	1,948,616	1,907,905	1,518,415	1,525,174	1,625,029	1,740,481
가 야 산	672,901	654,682	505,459	495,099	552,659	576,225
덕 유 산	1,501,306	1,222,691	991,175	1,036,941	1,193,438	1,145,364
오 대 산	1,399,119	1,360,966	1,178,420	1,115,400	1,135,324	1,241,950
주 왕 산	1,155,063	1,064,590	600,672	566,556	601,047	605,805
태 안 해 안	1,049,974	1,014,462	711,332	660,113	647,849	775,916
다도해상	1,987,762	2,260,407	1,862,664	1,883,904	2,159,157	1,786,956
치 악 산	738,368	759,346	870,934	826,134	887,193	1,039,804
월 악 산	1,014,793	1,000,518	827,593	841,135	795,825	693,837
북 한 산	5,518,508	5,574,539	6,561,211	7,362,704	6,700,861	6,357,110
소 백 산	1,193,986	1,158,325	972,423	953,829	954,145	937,996
월 출 산	408,930	493,538	328,155	316,813	601,637	529,976
변 산 반 도	1,579,089	1,594,351	1,263,499	1,278,476	1,393,251	1,334,898
무 등 산	3,143,779	3,155,903	2,452,942	2,399,255	2,438,693	2,408,087
태 백 산	680,068	676,429	554,403	425,994	343,167	407,398

2) 한려해상은 오동도(지자체 집계)가 포함된 숫자임
3) 음영표시 칸(한라산, 한려해상 오동도)은 지자체 집계 수치임

자료: 국립공원공단

표 3-2-2 2023년 월별 탐방객 수

(단위 : 명)

권역별 / 월별	합계	1월	2월	3월	4월	5월	6월	7월	8월	9월	10월	11월	12월
계	39,455,363	2,434,704	2,544,918	3,096,824	3,426,666	3,583,334	3,379,103	2,863,051	3,506,320	3,127,308	5,474,706	3,700,058	2,318,371
지 리 산	3,807,428	172,030	179,152	401,813	359,613	374,293	312,527	310,341	429,512	310,173	423,418	333,516	201,040
경 주	3,451,442	168,364	187,197	250,488	291,681	345,030	278,678	223,772	276,344	279,479	529,231	391,346	229,832
계 룡 산	2,306,344	142,367	159,396	213,365	219,999	220,689	209,259	161,282	171,384	164,999	284,715	216,363	142,526
한려해상4)	3,992,593	265,427	357,130	398,627	434,511	362,883	331,260	277,262	308,512	271,645	450,664	279,454	255,218
(오동도5)	(1,407,177)	94,362	150,426	159,934	161,050	121,856	116,941	85,614	90,541	88,029	147,786	101,144	89,494
설 악 산	2,242,781	83,150	109,650	93,106	127,044	175,547	180,999	181,158	221,690	209,569	561,495	197,604	101,769
속 리 산	1,149,292	35,526	40,722	53,471	66,099	105,442	124,106	113,581	141,301	99,687	208,067	114,725	46,565
한 라 산	(923,680)	108,478	96,854	64,091	72,630	88,780	77,445	35,006	52,116	61,084	114,037	80,823	72,336
내 장 산	1,740,481	61,809	57,879	76,281	95,693	115,299	137,723	119,583	166,558	123,730	266,078	407,894	111,954
가 야 산	576,225	23,266	25,048	31,502	47,497	55,095	55,229	38,678	49,094	53,462	97,136	72,985	27,233
덕 유 산	1,145,364	200,649	132,059	36,614	39,523	51,093	66,036	62,575	106,122	75,582	135,599	115,147	124,365
오 대 산	1,241,950	66,617	73,748	53,957	75,022	89,653	104,708	104,103	140,356	106,918	279,967	96,183	50,718
주 왕 산	605,805	17,147	20,658	21,473	35,742	35,810	41,416	30,911	37,571	41,429	173,147	127,587	22,914
태 안 해 안	775,916	38,427	40,621	47,075	56,945	67,695	89,094	86,085	96,538	68,706	98,104	48,040	38,586
다 도 해 상	1,786,956	123,617	143,133	165,543	227,103	195,287	153,495	119,413	152,993	125,311	173,449	115,093	92,519
치 악 산	1,039,804	55,067	57,027	66,447	72,575	93,637	103,85	108,425	143,301	110,216	116,196	66,432	46,625
월 악 산	693,837	20,647	26,017	45,851	57,298	88,988	61,998	82,932	69,227	63,842	92,127	57,916	26,994
북 한 산	6,357,110	386,255	474,735	591,976	579,886	588,647	583,340	479,015	507,964	548,805	764,971	464,438	387,078
소 백 산	937,996	56,952	44,532	44,982	71,435	129,817	80,362	40,113	64,954	56,576	188,238	101,842	58,193
월 출 산	529,976	23,805	21,739	114,243	121,486	29,289	25,255	20,026	35,989	30,836	44,390	36,674	26,244
변 산 반 도	1,334,898	70,425	70,090	85,115	137,126	122,055	116,832	89,606	125,171	115,515	176,056	150,536	76,371
무 등 산	2,408,087	180,715	177,623	228,494	223,628	227,732	218,167	154,108	165,876	188,622	274,881	209,354	158,887
태 백 산	407,398	133,964	49,908	12,310	14,130	20,573	27,318	25,076	43,747	21,122	22,740	16,106	20,404

4) 한려해상은 오동도(지자체 집계)가 포함된 숫자임
5) 음영표시 한(한라산, 한려해상)은 오동도은 지자체 집계 수치임

국립공원별 특징을 살펴보면 지리산 국립공원(국립공원 제1호)은 지혜롭고 기이한 산, 한려해상 국립공원은 2도(전라남도, 경상남도) 4시(여수시, 거제시, 사천시, 통영시) 2군(남해군, 하동군)에 걸쳐 공원이 형성되었으며, 변산반도 국립공원은 유일하게 산과 바다가 어우러진 다기능 공원이다. 설악산 국립공원은 한계령과 미시령을 경계선으로 동쪽은 외설악, 서쪽은 내설악, 한계령 오색지구 남설악 등으로 구분하며, 북한산 국립공원은 20여 개의 봉우리 중 백운대, 인수봉, 만경대를 삼각산이라고 예부터 불렀다. 태안해안 국립공원은 안면도, 태안반도 일대 130여 개의 섬으로 구성되었으며, 다도해해상 국립공원은 최대 면적으로 홍도, 흑산도가 유명한 섬이다.

③ 도립공원과 군립공원

도립공원은 특별시장, 광역시장, 특별자치시장, 도지사 또는 특별자치도지사가 지정하고 관리하는 자연공원으로 환경부 장관이 승인한다. 시도지사는 공원의 효율을 도모하기 위하여 공원계획을 수립하며, 국립공원처럼 자연보존지구, 자연환경지구, 농어촌지구, 집단시설지구로 구분한다. 도립공원으로 지정될 구역이 국립공원으로 지정되었거나 혹은 군립공원으로 지정된 구역이 도립공원으로 지정되면 소단위 지역의 공원은 효력을 상실한다. 1970년 6월 1일 금오산이 최초 도립공원으로 지정, 2024년 현재 경포 도립공원을 비롯하여 전국에 30개의 도립공원이 지정되었다.

표 3-3 **도립공원 지정현황**

(단위 : ㎢, '23.12월 기준)

연번	공원명	위치(시·군별)	면적	지정일
계		30개소	1,026.765	
1	금 오 산	경북 구미, 칠곡, 김천	37.262	'70. 6. 1
2	남 한 산 성	경기 광주, 하남, 성남	35.139	'71. 3.17
3	모 악 산	전북 김재, 완주, 전주	43.309	'71.12. 2
4	덕 산	충남 예산, 서산	19.859	'73. 3. 6

연번	공원명	위치(시·군별)	면적	지정일
계		30개소	1,026.765	
5	칠 갑 산	충남 청양	31.068	'73. 3. 6
6	대 둔 산	전북 완주, 충남 논산, 금산	59.996	'77. 3.23
7	마 이 산	전북 진안	17.220	'79.10.16
8	가 지 산	울산, 경남 양산, 밀양	104.345	'79.11. 5
9	조 계 산	전남 순천	26.750	'79.12.26
10	두 륜 산	전남 해남	32.910	'79.12.26
11	선 운 산	전북 고창	43.683	'79.12.27
12	문 경 새 재	경북 문경	5.478	'81. 6. 4
13	경 포	강원 강릉	1.689	'82. 6.26
14	청 량 산	경북 봉화	49.509	'82. 8.21
15	연 화 산	경남 고성	21.847	'83. 9.29
16	고 복	세종특별자치시	1.949	'13. 1.17
17	천 관 산	전남 장흥	7.940	'98.10.13
18	연 인 산	경기 가평	37.691	'05. 9.15
19	신 안 갯 벌	전남 신안	162.000	'08. 6. 5
20	무 안 갯 벌	전남 무안	37.123	'08. 6. 5
21	마 라 해 양	제주도 서귀포시	49.755	'08. 9.19
22	성산일출해양	제주도 서귀포시	16.156	'08. 9.19
23	서 귀 포 해 양	제주도 서귀포시	19.540	'08. 9.19
24	추 자	제주도 제주시	95.292	'08. 9.19
25	우 도 해 양	제주도 제주시	25.863	'08. 9.19
26	수 리 산	경기 안양, 안산, 군포	7.035	'09. 7.16
27	제 주 곶 자 왈	제주도 서귀포시	1.547	'11.12.30
28	벌 교 갯 벌	전라남도 보성군	23.068	'16. 1.28
29	불 갑 산	전라남도 영광군	7.004	'19. 1.10
30	철 원 DMZ 성 재 산	강원 철원군	4.739	'23. 7.21

자료: 환경부

군립공원은 시와 군내의 풍경을 대표할 만한 수려한 자연, 문화 경관을 지닌 곳으로 시·군이 관리하는 공원이다. 군립공원 지정은 시장 또는 군수가 대상지를 선정 및 조사한 후, 도에 보고하면 도와 군은 타당성 검토를 하고 공원위원회 심의를 거쳐 공원으로 지정하며, 도지사의 승인이 이루어진 후 고시 절차가 진행되고 군립공원으로 지정된다.

표 3-4 **군립공원 현황**

(단위 : ㎢, 2023.12월 기준)

연번	공원명	위치(시·군별)	면적	지정일
계		28개소	254.525	
1	강 천 산	전북 순창군 팔덕면	15.800	'81. 1. 7
2	천 마 산	경기 남양주시 화도읍, 진천면, 호평면	12.388	'83. 8.29
3	보 경 사	경북 포항시 송라면	8.511	'83.10. 1
4	불 영 계 곡	〃 울진군 울진읍, 서면, 근남면	25.595	'83.10. 5
5	덕 구 온 천	〃 울진군 북면	6.275	'83.10. 5
6	상 족 암	경남 고성군 하일면, 하이면	5.094	'83.11.10
7	호 구 산	〃 남해군 이동면	2.839	'83.11.12
8	고 소 성	〃 하동군 악양면, 화개면	3.035	'83.11.14
9	봉 명 산	〃 사천시 곤양면, 곤명면	2.645	'83.11.14
10	거 열 산 성	〃 거창군 거창읍, 마리면	3.271	'84.11.17
11	기 백 산	〃 함양군 안의면	2.013	'83.11.18
12	황 매 산	〃 합천군 대명면, 가회면	21.784	'83.11.18
13	웅 석 봉	경남 산청군 산청읍, 금서·삼장·단성	17.960	'83.11.23
14	신 불 산	울산 울주군 상북면, 삼남면	11.585	'83.12. 2
15	운 문 산	경북 청도군 운문면	16.173	'83.12.29
16	화 왕 산	경남 창녕군 창녕읍	31.258	'83.11. 3
17	구 천 계 곡	〃 거제시 신현읍, 동부면	5.868	'84. 2. 4
18	입 곡	〃 함안군 산인면	0.961	'85. 1.28
19	비 슬 산	대구 달성군 옥포면, 유가면	13.382	'86. 2.22
20	장 안 산	전북 장수군 장수읍	6.274	'86. 8.18
21	빙 계 계 곡	경북 의성군 춘산면	0.890	'87. 9.25
22	아 미 산	강원 인제군 인제읍	3.160	'90. 3.22
23	명 지 산	경기 가평군 북면	14.020	'91.10. 9
24	방 어 산	경남 진주시 지수면	2.588	'93.12.16
25	대 이 리	강원 삼척시 신기면	3.664	'96.10.25

연번	공원명	위치(시·군별)	면적	지정일
계		28개소	254.525	
26	월성계곡	경남 거창군 북상면	0.650	'02. 4.25
27	병방산	강원 정선군 정선읍	0.500	'11.09.30
28	장산	부산 해운대구	16.342	'21.9.15

자료: 환경부

 ④ 지질공원

1) 지질공원의 개념과 연혁

지질공원은 1990년대 초 지질유산(Geoheritage)과 지질보존(Geoconservation)이 국제적으로 점점 중요한 가치로 여겨지면서, 1996년 제30회 국제지질과학총회(International Geological Congress, IGC)에서 지질공원이 처음으로 논의, 이후 2000년 유럽의 4개 지질공원이 모여 유럽지질공원네트워크(European Geoparks Network, EGN)를 결성하였고, 유네스코(UNESCO)에서 지질공원 프로그램에 협력했다. 2004년 EGN의 17개 지질공원과 중국의 8개 지질공원이 모여 세계지질공원네트워크(Global Geoparks Network, GGN)를 결성하여 GGN을 중심으로 지질공원을 이끌어 왔다. 2015년 11월 지질공원은 유네스코의 공식 프로그램으로 지정되어 세계유산, 지구생물권보전지역과 함께 유네스코의 3대 보호제도가 되었다.

우리나라는 제주도가 2010년 제4차 GGN에서 우리나라 최초 유네스코 세계지질공원으로 등재되었으며, 그 후 2011년 자연공원법 개정으로 지질공원도 자연공원이 되면서 지질공원의 법적인 체계가 마련되었다. 개정된 자연공원법에 따라 2012년 울릉도·독도와 제주도가 국가지질공원으로 등재됐고, 지질 유산의 보존과 현명한 이용이라는 국제적 흐름에 동참하게 되었다.

2) 국가지질공원

국가지질공원은 지구과학적으로 중요하고 경관이 우수한 지역으로서 이를 보전하고 교육, 관광사업에 활용하기 위하여 환경부 장관이 인증한 공원으로 2024년 현재 전국 13개 권역에 218개소가 있다.

그림 3-1 지질공원 개념

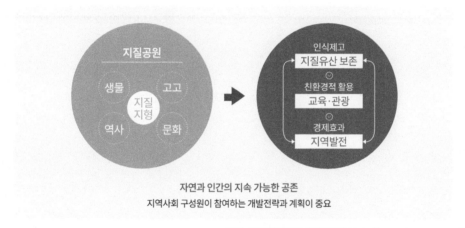

자료: 국가지질공원 홈페이지(https://www.koreageoparks.kr)

국가지질공원 인증 기준과 절차는 다음과 같다.
- 특별한 지구과학적 중요성, 희귀한 자연적 특성 및 우수한 경관적 가치를 가진 지역
- 지질과 관련된 고고학적 · 생태적 · 문화적 요인이 우수하여 보전 가치가 높은 지역
- 지질 유산의 보호와 활용을 통하여 지역 경제발전을 도모할 수 있는 곳
- 지질공원 안에 지질명소 또는 역사적 유물이 있으며, 자연경관과 조화되어 보존 가치가 있는 지역
- 그 밖에 지질공원의 인증을 위하여 환경부 장관이 필요하다고 인정하여 고시한 사항에 적합한 곳

국가지질공원 기본요건은 다음 3가지를 모두 충족해야 한다.
- 공원면적: 100㎢ 이상(육지와 해상 면적 포함)
- 지질명소 개소 수: 20개소 이상(2013년까지는 10개소 이상)
- 기본항목 필수조건을 갖추고 자체 평가표 점검 결과 항목별 배점 50% 이상

그림 3-2 **국가지질 공원 현황**

자료: 국가지질공원 홈페이지(https://www.koreageoparks.kr)

3) 유네스코 세계지질공원

유네스코 세계지질공원은 단일의 통일된 지리 영역으로, 세계적으로 지질학적 가치를 지닌 명소와 경관을 보호, 교육, 지속가능한 발전이라는 개념을 가지고 관리되는 곳으로 2015년 제38차 유네스코 총회에서 공식 프로그램이 되었다. 유네스코 세계지질공원은 지역사회와 주민이 이해당사자로서 지질공원에 참여할 수 있도록 적극 유도해야 한다. 지역사회와의 파트너십을 통하여 지역주민의 사회 · 경제적 필요를 채워주고 그들이 살고 있는 자연경관을 보호하고 문화적 정체성을 보존하는 것이 매우 중요하다. 현재 우리나라 5개소(제주도, 청송, 무등산권, 한탄강, 전북 서해안권)를 포함해 48개국 213개소 공원이 유네스코 세계지질공원으로 인증되었다.

그림 3-3 유네스코 세계지질공원 현황

자료: 국가지질공원 홈페이지

그림 3-4 유네스코 세계지질공원 인증 절차

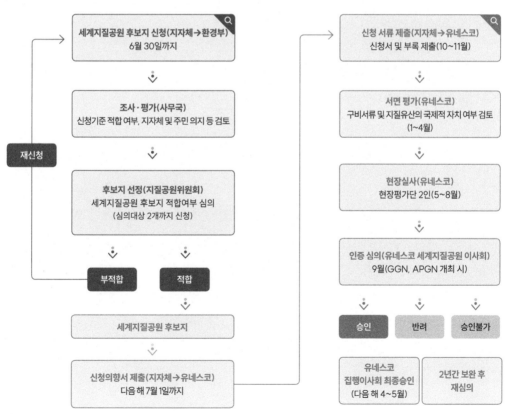

자료: 국가지질공원 홈페이지

표 3-5 세계유산과 공원별 특성 비교

구분	세계유산	생물권보전지역	국립공원	지질공원
지정목적	인류의 문화 및 자연유산 보호	생물다양성 보존	자연생태계, 자연 및 문화 경관 보전	지질다양성 보전
지정대상	탁월한 보편적 가치	생물다양성 보전에 중요한 생태계와 주변	보전상태가 양호한 자연생태계, 경관, 문화재	지구과학적으로 중요하고 경관 우수
보호구역	핵심-완충-전이 지역	핵심-완충-전이 지역	용도지구(자연보전, 환경, 마을지구 등)	지질명소
보호수준	강한 행위 제한	비교적 강한 행위 제한	강한 행위 제한	행위 제한 거의 없음
신청/운영 주체	국가유산청과 지자체	지자체	환경부/국립공원공단	지자체
자격유지	6년마다 정기보고서 제출	10년마다 정기보고서 제출	10년마다 공원기본계획 수립	4년마다 재인증

제3절 해양관광

① 해양관광 개념과 분류 및 특성

해양관광은 해안선에 인접한 육지와 바다 공간에서 해양 위락을 즐기는 관광 행위다. 해안 지역은 육지, 바다, 대기가 만나면서 서로 영향을 미치는 지대로 해안선에 인접한 육지와 바다를 포함한다. 그러므로 해역과 연안에 접한 단위 지역 사회에서 일어나는 관광 목적 활동으로서 직·간접으로 해양 공간에 의존하거나 연관된 활동으로 보는 것이 타당하다. 해양수산발전기본법 제28조 해양관광의 진흥에서 해양관광을 국민의 건강·휴양 및 정서 생활의 향상을 위하여 해양에서의 관광 활동 및 레저·스포츠로 규정하고 있다. 유럽은 해양관광을 해변(Costal)관광, 해양(Maritime)관광으로 구분하며, 해변관광은 수영, 서핑, 해수욕 등 해안에서 일어나는 관광 활동이고, 해양관광은 보트, 요트, 크루즈, 수중 레저 등 해양 기반의 관광이다.

우리나라는 3면이 바다와 접한 반도 국가로 2,700여 개의 섬, 약 12,800km의 해안선과 다양한 해양자원 등 해양관광 활성화에 적합한 자연환경을 보유하고 있으므로 해변, 섬, 어촌, 마리나, 갯벌 등 풍부한 자연조건을 활용하여 해양관광을 활성화할 시점이다.

표 3-6 해양관광자원 분류

구분	축제	지역 축제
문화 자원	마을	어촌 체험 마을
		전통 미을
자연 자원	해수욕/산책	해수욕장
		해안산책로
	보호구역	천연보호구역
		해양생태계 보호구역
		습지보호지역
	경승지	전망대/조망시설
		일출/낙조/경관도로
지원 시설	전시/관람시설	전시관
		영화/드라마/촬영지
	스포츠/체육시설	낚시터/유어장
		수상레저사업장
		마리나/요트계류시설
	숙박/식음시설	야영캠핑장/자동차야영장
		토속음식/식품
	교통시설	여객선 터미널
		유람선 선착장
	유원/휴양시설	테마공원/리조트
		유원지
		어촌휴양지

자료: 해양수산부(2013)

해양관광은 해역 공간별 3가지로 구분하는데 해변, 해상, 해중이 있다. 해변은 관광단지, 친수공간, 갯벌 체험, 해수욕, 해상은 레저보트, 수상스키, 바다낚시, 해중은 레저잠

수, 잠수정 등의 관광 활동이 해당한다.

표 3-7 해양관광 특성

항목	내용
계절성	해양 환경(조속, 조류, 바람) 의존도가 높고 기상 변화에 민감하여 시기에 따라 즐길 수 있는 해양관광의 종류에 차이가 있음
경제성	여름철 수요가 집중, 초기 교육 및 레저·안전 장비 구매와 대여가 필요하여 관광 비용이 내륙 관광에 비해 경제성이 낮음
접근성	내륙에 비해 이동 거리가 길어 해양에 접근하기 위한 교통 수단이 요구되며, 대중 교통이 부족해 접근성이 낮음
안전성	해양과 연안에서 이루어지는 활동으로 파도, 해일, 조류 등 변화하는 환경에 대응할 수 있는 안전성 확보가 중요

자료: 해양수산부(2019)

해양관광은 여름에는 대부분 가능하나 그 외는 입수 활동이 제한되며, 비용(31만 원/2.6일)은 전체 관광(17만 원/1.75일) 대비 높으며, 파도, 바람 등을 견디기 위한 내구성이 필요하여 시설 비용이 높은데 1인당 관광 비용은 1일 기준으로 해수욕장(14.5만 원), 해양축제(11.4만 원), 어촌체험마을(8.3만 원), 해양스포츠(12.8만 원), 마리나(19.7만 원) 등으로 나타났다. 서울과 6대 광역시에서 국내 인기 관광지(한국관광공사 선정) 이동 소요 시간은 해양관광지(강구항, 여수 기준 4.3시간)가 내륙 관광지(에버랜드, 경복궁, 임진각 기준 3시간)의 1.4배이상 소요된다고 한다. 해상 사고 발생 시 구조가 쉽지 않아 인명사고로 이어지는 경우가 많아 안전교육 실시, 시설과 장비 사전점검, 제도 개선 등 예방적 접근이 필요하다.

② 권역별 해양 관광자원 현황과 분석

정부는 지리적 · 환경적 특성에 따라 해양 관광자원을 7개 권역으로 구분하고, 권역별 특성에 맞는 해양레저관광 인프라와 콘텐츠를 개발했다. 수도권(도시위락형 마리나), 서해안권(해양문화·생태관광), 다도해권(섬·연안·어촌 연계 체험), 제주권(수중레저), 한려수도권 (휴양·힐링형 체류), 동남권(친수문화 선도), 동해안권(해양레저스포츠) 등으로 권역화하고, 마리나 항만, 누리길, 어촌뉴딜 300 사업지, 해양 치유, 갯벌 등 해양관광 자원을 묶어 권역 내 관광 코스와 연계 상품을 개발하며, 바다길—해안누리길—자전거길—해안도로 등 관광 동선을 고려해 권역 내 관광자원 간 네트워크를 구축하고 체류형 해양관광 활성화를 도모한다. 권역별로 개발 잠재력이 높은 지역을 해양관광 거점으로 조성하여 권역별 중심 플랫폼으로 활용하여 다양한 해양레저 체험, 교육, 해양 치유 등을 위한 실내외 시설을 갖추어 4계절 해양레저관광 활동을 지원한다.

그림 3-5 **해양관광 7대 권역 구상도와 권역별 거점 조성(안)**

자료: 해양수산부(2019)

③ 섬 관광

1) 섬 개념과 현황

한국해양수산개발원은 2018년 우리나라 섬은 총 3,348개라고 발표했다. 사람이 사는 유인도가 472개이고 무인도는 2,876개로 전체의 86%다. 우리나라는 인도네시아(약 17,000개), 필리핀(약 7,100개), 일본(약 6,800개)에 이어 세계에서 4번째로 섬이 많은 나라다. 인도네시아, 필리핀, 일본은 전 국토가 섬이므로 대륙에 속한 국가 중에는 우리나라가 섬이 가장 많다. 그러나 2006년 492개의 유인도는 2015년에 472개로 줄었다. 인구가 25명 미만이어서 무인도로 바뀔 처지에 놓인 섬은 113개에 이른다. 유엔해양법협약은 섬을 '물로 둘러싸여 있고 밀물 때도 수면 위에 자연적으로 형성된 육지 지역'이라 정의하고 있다.

2) 섬 관광 특성

섬 관광은 섬이라는 시각, 고립, 공간, 기후, 특수, 환경, 휴양 등 7가지의 색다른 명소와 장소라는 특성으로 인해 많은 관광객이 찾거나 불편해 하는 관광으로 인식한다. 아름다운 경치와 풍경, 육지와 단절되어 모든 관광 비용이 절대적으로 높다. 공간적으로 협소하지만 아늑하기도 하며, 특수한 동식물이 서식하며 기후의 특성상 독특한 가옥 형태와 높은 파도와 태풍의 영향으로 접근성이 매우 낮다. 하지만 독특한 고유의 문화를 가지고, 깨끗한 환경을 잘 유지하며, 해양 관광자원이 풍부하고 휴양에 적합한 곳이기도 하다.

표 3-8 섬 관광 특성

1차 특성	2차 특성
시각성	아름다운 경치와 풍경
고립성	육지와 단절되어 고비용
공간성	협소하지만 아늑함
기후성	특수한 동식물 서식, 가옥, 태풍
특수성	독특한 고유 문화
환경성	환경 친화적이고 잘 보존된 자연 환경
휴양성	해양관광자원이 풍부하고 휴양에 적합한 장소

자료: 한국문화관광연구원(2013)에서 저자 재정리

3) 섬 관광 유형

섬 관광은 3가지로 구분해서 분류할 수 있다. 관광자원, 관광행태, 관광개발 3개 항목으로 대분류한다. 관광자원은 자연, 문화, 산업, 시설 등으로 나누며, 관광행태는 휴양, 경관 감상, 레포츠, 음식, 체험 등이며, 관광개발은 자원보전과 활용, 시설 정비와 개발 등으로 중분류한다.

표 3-9 섬 관광 유형

항목	유형	특성
관광자원	자연자원형	생태, 조류, 식물 등 자연자원 보유
	문화자원형	특수한 역사성, 문화자원 보유
	산업형	농업과 어업을 기반으로 생산하며 생활
	관광시설형	인위적 관광시설물 도입으로 섬 관광동기 부여
관광행태	휴양형	바다, 산 등 자연을 기반으로 한 휴양
	경관감상형	걷기, 일출일몰 감상
	레포츠형	낚시, 해수욕, 스킨스쿠버
	음식형	지역 고유의 특산물 활용
	체험형	휘리(고기잡이 방식), 야생초화 체험
관광개발	자원보전형	섬 생태, 문화 등 자연 그대로 보전 관람
	자원활용형	섬 자연, 문화 자원의 이용과 활용
	시설정비형	기존 시설(민박, 식당, 회관) 정비와 활용
	시설개발형	관광객에게 필요한 관광시설 개발

자료: 한국문화관광연구원(2013)

행정안전부는 섬이 가지고 있는 다양한 역사·문화·자연·생태 등 관광자원을 국민에게 널리 알리고, 섬 지역 관광과 지역경제 활성화를 위하여 2016년부터 매년 "휴가철 찾아가고 싶은 섬"을 선정하는데 2020년에는 걷기, 풍경, 이야기, 신비, 체험 등 5가지 주제였다.

표 3-10　**2020년 휴가철 찾아가고 싶은 섬 33곳**

테마	위치	섬 이름	주요 관광자원
걷기 좋은 섬 (12)	경기 안산	풍도	풍도의 비밀정원, 후망산 해마루, 동무재길, 해안산책로
	전남 목포	외달도	목포해상케이블카, 해안데크 산책로, 해수풀장
	전남 여수	낭도	낭도 야영장, 해안 산책로, 해수욕장
	전남 여수	금오도	매봉산 등산로, 문바위, 촛대바위 전망대
	전남 고흥	연홍도	연홍 미술관, 선착장 조형물, 연홍도 둘레길
	전남 완도	청산도	아시아 최초 슬로우 길 선정, 청산 파시 문화거리
	전남 신안	반월도·박지도	당숲 국가산림문화자산, 해안산책로, 자전거 투어
	전남 고흥	애도	난대 원시림, 바다위 비밀정원, 돌담길
	경남 거제	내도	몽돌해변, 동백숲길, 신선 전망길
	경남 사천	신수도	신수도 캠핑장, 와인 갤러리, 항공우주박물관, 백천사
	경남 통영	연대도·만지도	몽돌 해수욕장, 일주 산책로, 출렁다리
	경남 거제	이수도	이수도 사슴, 출렁다리, 해안 산책로
풍경 좋은 섬 (6)	충남 보령	녹도	녹도방파제, 녹도 둘레길, 몽돌해수욕장
	전남 여수	거문도	거문도 등대, 동백터널 숲, 신선바위, 관백정
	전남 영광	안마도	사랑바위·말코바위·써꾸리 바위 등 기암괴석
	전남 진도	관매도	관매해변, 해송 방풍림 등 관매 8경
	전남 신안	자은도	백길해수욕장, 분계 해수욕장, 무한의 다리
	경남 통영	비진도	비진 해수욕장, 선유대, 해안 산책로
이야기섬 (4)	인천 강화	교동도	연산군 유배지, 교동 향교, 교동읍성, 화개사
	전남 완도	보길도	고산 윤선도 원림, 어부사시사, 송시열 글씨 바위
	경남 거제	지심도	일본군 잔존지 역사교육장, 지심도 산책로
	경남 통영	연화도	연화사, 보덕암, 출렁다리, 용머리 해안
신비의섬 (4)	충남 보령	장고도	명장 해수욕장, 장고도 둘레길, 갯벌체험
	전남 진도	모도	모도 탐방로, 신비의 바닷길
	전남 신안	기점도·소악도	자전거 체험, 12사도 예배당, 순례길 걷기 코스
	경북 울릉	울릉도	성인봉, 해상 유람선 일주, 독도 관광
체험의섬 (7)	인천 옹진	영흥도	갯벌 체험어장, 장경리 해수욕장, 십리포 해수욕장
	충남 보령	원산도	오로봉, 원산도해수욕장, 오봉산해수욕장
	전남 강진	가우도	가우도 출렁다리, 청자타워, 짚트랙, 해상 복합 낚시터
	전남 신안	증도	소금동굴 힐링센터, 짱뚱어 해변, 갯벌체험, 실내체험장
	전북 군산	무녀도·선유도	무녀도 쥐똥섬, 선유도 해수욕장, 오토캠핑장, 갯벌체험

| 경남 통영 | 욕지도 | 해안산책로, 출렁다리, 욕지도 모노레일 |
| 경남 창원 | 우도 | 창원 짚트랙, 창원 해양 스포츠 체험 |

자료: 행정안전부

그림 3-6 행정안전부의 여름 섬

자료: 행정안전부

4) 섬 관광 활성화 방안

섬 관광은 성수기 여름 휴가철 기간에 60%를 차지하므로 봄, 가을로 분산화할 필요가 있으며, 섬의 지리적 특성상 숙박 여행 비율이 높은 편이다. 주로 체험보다는 자연풍경 감상, 휴양, 휴식 위주의 정적 관광이 많고, 화장실, 식당, 미흡한 숙박 시설 등 열악한 기반 시설 부족과 섬 주민들의 관광 교육 등이 지속으로 필요하다.

표 3-11 도서 지역 해양관광 활성화 방안

항목	사업	추진 방안	담당
접근성 개선	관광홍보 개선	· 도서관광 캠페인 – 행정안전부 도서관광 홍보사업 확대 · 도서관광 홍보물 발간 – 도서관광 방문주간: 문화체육관광부 여행주간 확대, 　해양수산부 무인도서 홍보 강화	해양수산부 문화체육관광부
	교통접근성 개선	· 여객선 요금 할인, 마일리지제도 도입 – 해양수산부 '바다로'사업 확대 – 여객선 통합 마일리지 상품 운영 · 육상/해상 교통 연계 패스 발간 – 철도/해운 연계 패스 마련 · 여객선 터미널/여객선 현대화 사업 확대 – 연안 여객선 터미널 시설 개선/홍보센터 조성 · 여객선 보조항로 확대/준공영제 도입	해양수산부 국토교통부
	관광정보 접근체계 개선	· 도서관광 정보 플랫폼 홍보 – 섬관광 관련 정보 포털 사이트 홍보 · 관광정보 콘텐츠 개발 – 도서지역 해양관광 정보 개선 – 도서관광상품 발굴과 홍보 · 홍보수단 다양화 – 도서지역 해양관광 매체 다양화	해양수산부 문화체육관광부
이용성 향상	안전성 향상	· 안전 홍보 캠페인 – 여성/개인 관광자를 위한 섬관광 캠페인 · 관광시설과 상품 인증제 – 숙박/편의시설 안전 인증 – 관광상품 인증: 보험과 안전관리 인증	해양수산부 문화체육관광부 행정안전부
	편의시설 개선	· 관광 안내 체계 개선 – 연안여객선 터미널과 도서 어항 내 관광안내센터 설치 · 관광편의시설 개선 – 유휴 어항의 편의시설/폐교/민가 리모델링 사업	해양수산부 행정안전부 농림축산식품부
	서비스 개선	· 청년 창업 지원 – 관광스타트업 창원 지원 – 이주 지원 · 관광서비스 표준 개선 –지역주민 관광서비스 교육	해양수산부 문화체육관광부

| 상품성 강화 | 관광상품 발굴 | · 소규모 특수목적 관광상품 운영
– 해양생태관광, 무인도서관광 등 소규모 관광상품 제작과 판매 지원 | 해양수산부 |
| | 콘텐츠 다양화 | · 해양관광 콘텐츠 발굴
– 해양레저체험 프로그램
– 해양레저체험 기반시설 정비 지원
– 해양치유/휴양관광상품 개발 | 해양수산부 |

자료: 한국해양수산개발원(2018)

갯벌은 입자가 작은 펄과 모래 알갱이들이 모여서 만들어진 곳이다. 사전적 의미는 '고조(만조) 시에는 잠기고 저조(간조) 시에는 드러나는 연안의 평탄한 지역으로 주로 조류에 의해 운반되는 퇴적물이 쌓여 이루어지는 해안 퇴적지형이다. 조석에 의하여 변하는 해수면의 높이를 조위라고 하며, 조석은 달과 태양의 인력에 의해 해수면이 주기적으로 올라왔다 내려갔다 하는 것이다. 바닷물이 해안으로 밀려 들어오는 것을 밀물, 물이 다시 바다로 빠져나가는 것을 썰물이라고 한다.

갯벌은 육지와 바다 사이에 놓여 있어 두 환경 사이에서 완충 작용하며, 태풍이나 해일이 발생하면 이를 일차적으로 흡수하고 완화하기도 한다. 신선한 공기를 제공하고, 지구상의 가스 순환을 원활하게 하며, 염습지의 식물 군락들은 육지 토양의 침식을 막고 육상과 해양 두 환경 간의 퇴적물의 교환을 안정되게 하여 해안 환경의 평형을 지속하게 한다. 갯벌의 기능은 다음 표와 같다.

표 3-12 갯벌 기능

구분	기능
생물학적 기능	서식장소의 제공, 종 다양성 유지, 생물생산성 유지
화학적 기능	수질 정화, 저질 정화, 영양물질 공급, 오염방지
물리적 기능	침식예방, 물 저장, 퇴적물 포집, 해안선 방어, 홍수 예방
사회적 기능	친수공간 제공, 레크리에이션, 교육 및 연구의 장
경제적 기능	식량(수산물 생산)

　　우리나라 갯벌은 경기(인천) 36%, 충남 14%, 전북 5%, 전남 40%, 경남(부산)과 제주 5% 등으로 분포하며, 서남해안 갯벌은 국제적으로도 우수한 갯벌로 851종의 생물이 서식하고 있고, 전 세계 멸종위기 물새 중 47%가 한국 갯벌에 살고 있다. 총 2,550㎢(전 국토의 2.5%)가 갯벌이며, 지역별로는 서해안이 83%인 2,109㎢다. 간척과 매립 등의 개발로 갯벌이 계속 감소하며, 시화지구, 새만금지구 등 대규모 간척사업으로 상실된 갯벌 면적이 810.5㎢에 이른다.

그림 3-7 **서해안 모도(인천광역시 옹진군) 갯벌**

자료: 저자

　　한국의 갯벌은 2021년 유네스코 세계유산으로 우리나라에 15번째로 등재됐다. 서천갯벌, 고창갯벌, 신안갯벌, 보성-순천갯벌 등 4개로 이루어져 있는데 지구 생물다양성의 보전을 위해 전 지구적으로 가장 중요하고 의미 있는 서식지 중 하나며, 특히, 동아시아-대양주 철새이동경로(EAAF)의 국제적 멸종위기 이동성 물새의 중간기착지로서 국제적 중요성을 갖는다. 이 지역의 지형지질학, 해양학, 기후학적인 조건들은 복합적으로 조합되어 철새들을 포함한 갯벌 생물들의 다양한 서식지를 발전시켰다. 102종의 이동성 물새를 포함하여 2,169종의 동식물이 보고될 정도로 높은 수준의 생물다양성을 보유하고 있다. 특히 47종의 고유종과 5종의 멸종위기 해양 무척추동물종과 27종의 국제적 위협 또는 준위협 상태(near-threatened)의 이동성 물새종을 부양하고 있다.

⑤ 마리나

마리나(Marina) 어원은 '해변의 산책길' 또는 해안에서 생선 요리를 파는 곳이라는 라틴어에서 유래했으며, 이탈리아에서는 '작은 항구'라는 뜻으로 사용한다. 마리나는 요트를 포함한 해양레저 선박을 위한 계류, 보관 시설과 연관된 서비스 시설을 포함한 해양레저의 복합기지를 지칭한다. 마리나는 스포츠 또는 레크리에이션(recreation)용 요트, 모터보트 등 선박을 위한 항구로서 항로, 정박지, 방파제, 계류시설, 선양(船揚) 시설, 육상 보관 시설 등의 편리를 제공하는 시설뿐 아니라 이용자를 위한 클럽하우스, 주차장, 호텔, 쇼핑센터, 위락 시설과 녹지공간 등을 포함한 넓은 의미의 항만이다.

해양레저산업 도입 초기 국가들은 마리나 선박의 계류시설을 기본 기능으로 한정하지만, 해양레저 선진국은 레저·관광·숙박·레스토랑 등 각종 서비스 시설을 갖춘 종합리조트 형태로 기본 기능과 보조 기능을 포함하고 있다. 「마리나항만의 조성 및 관리 등에 관한 법률」에 의하면 '마리나항만'이란 마리나 선박의 출입과 보관, 사람의 승선과 하선 등을 위한 시설과 이를 이용하는 자에게 편의를 제공하기 위한 서비스 시설이 갖추어진 곳을 말한다.

그림 3-8 **마리나 시설**

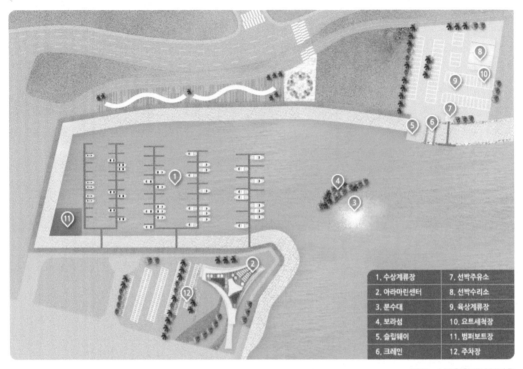

1. 수상계류장	7. 선박주유소
2. 아라마린센터	8. 선박수리소
3. 분수대	9. 육상계류장
4. 보라섬	10. 요트세척장
5. 슬립웨이	11. 범퍼보트장
6. 크레인	12. 주차장

자료: 수자원환경산업진흥

세계해양산업협회(ICOMIA)에 따르면 세계 해양레저 선박 수는 약 3천만 척, 약 3만 개의 마리나, 관련 회사 10만 개, 종사자 100만 명, 시장 규모는 500억 달러 수준이며, 이중 북미(70%)와 유럽(15%)이 시장의 85% 이상을 점유하고 있다. 2019년 기준 우리나라에 등록된 레저 선박은 28,876척이며, 레저 선박 1척당 인구 비중은 1,788명이다. 국내에 총 37개소(총 2,403선 석)의 마리나가 운영 중이며, 전국 마리나 평균 계류선 석 수는 64.9선 석이다. 지역별 마리나 평균 계류선 석 수는 수도권이 196선 석, 부울경 181.7선 석, 강원권 71.7선 석 순이며, 배후 수요가 풍부한 수도권과 부울경, 접근성이 높은 강원권 등이 마리나 수용 능력이 상대적으로 크다.

표 3-13 국가별 해양레저 선박 비교

국가	인구(명)	선박 수	1척당 인구 비중	마리나 개수
한국	5,177만	28,876	1,788	37
캐나다	3,720만	860만	4	1,472
스웨덴	1,020만	753,400	14	1,500
미국	3억 280만	1,308만	25	12,000
일본	1억 2,650만	284,900	444	560
이탈리아	6,060만	97,513	621	545
중국	13억 9천만	116,475	11,967	101

자료: 한국해양수산개발원(2021)

그림 3-9 수상계류장

자료: 저자

그림 3-10 우리나라 마리나 항만 현황

자료: 제2차(2020~2029) 마리나항만 기본계획

우리나라 마리나 산업은 OECD 국가 중 최하위 수준이다. 마리나항만 조성을 통해 마리나 서비스업을 육성하고 해양레저관광 활성화를 유도해서 연안 지역 경제를 활성화하고 지속 가능한 발전을 유도하기 위해 2009년부터 마리나항만법이 시행됐다. 해외 마리나 트렌드는 공공장소 확충과 시민을 위한 공간, 열린 공간에 대한 요구가 높아지자 기존에 있던 창고를 개발하여 해양레저 허브를 구축하고 해양레저 교육 및 체험 공간을 마련하고 있다. 우리나라도 레저 선박의 유류를 공급하고 점검해 주는 인프라를 구축하여 레저 선박 이용자의 기회를 확대해야 한다. 해양레저 교육과 체험을 통해 시민들에게 마리나가 특정 업체들에만 국한되지 않고 공원처럼 즐길 수 있는 공간이라는 인식의 전환이 필요하다.

마리나 산업이 발전하기 위해서는 레저 보트와 연계한 관광 기능 강화, 마리나업 전용선 석 마련, 마리나 창업 지원 포털 운영, 마리나 서비스업 관광 홍보와 마케팅 지원, 해양레저 이벤트와 축제 활성화 등을 제안할 수 있다(https://url.kr/nwiqps). 우리나라 마리나 산업을 SWOT 분석하면 다음과 같다.

표 3-14 우리나라 마리나 산업 SWOT 분석

Strength(강점)	Weakness(약점)
· 다도해 등 해양경관 우수 · 세계 최고의 조선과 IT 기술 보유 · 동북아 중심에 위치한 입지	· 해양스포츠 저변 취약 · 레저 선박 계류시설 부족 · 마리나 서비스 전문인력 부족
Opportunity(기회)	Threat(위협)
· 해양레저수요 증가 · 해외관광객의 요트 체험 참여 증가 · 동아시아 마리나 조성 붐	· 글로벌 레저선박 시장 침체 · 세계적 요트 제조사의 중국 진출 · 신흥 마리나 국가들의 전략적 투자

자료: 해양수산부(2014)

제4절 내수면 관광

① 내수면 관광자원의 개념

내수면이란 내수면어업개발촉진법 제3조에서 "모든 수면 중 바다를 제외한 수면을 말하는 것으로 하천, 댐, 호수, 저수지 및 기타 인공으로 조성된 담수나 기수의 수류 또는 수면을 말한다"라고 규정하고 있다. 우리나라 하천은 6대 하천으로 압록강, 두만강, 대동강, 한강, 낙동강, 금강 등이며, 하천은 중요도에 따라 국가하천과 지방하천으로 나눈다. 국가하천은 국토보전상 또는 국민경제상 중요한 하천으로 국토교통부 장관이 그 명칭과 구간을 지정하는 하천이며, 지방하천은 지방의 공공 이해에 밀접한 관계가 있는 하천으로서 시·도지사가 그 명칭과 구간을 지정하는 하천이다. 소하천은 국가하천과 지방하천 이외의 하천을 말하는데 소하천정비법이 적용된다. 국가하천은 61개, 지방하천 3,771개, 소하천은 약 25,000개가 있다. 하천법에 따른 국가하천은 4대강인 한강, 낙동강, 금강, 영산강

에 섬진강을 포함한다.

우리나라 하천은 동고서저의 지형 특성에 따라 대부분 황해와 남해로 흐른다. 동해안은 해안선이 단조로우며, 동해로 흐르는 하천은 비교적 짧고 경사가 급하다. 반면 서해안은 해안선이 복잡하며 서해안과 남해안으로 흐르는 하천은 상대적으로 길고 경사가 완만하며 유역 면적이 넓어 유량이 많은 편이다. 따라서 하천에 의한 퇴적으로 충적 평야나 충적 분지가 많이 형성되고, 평야 지역에서는 자유 곡류 하천이 많이 나타난다.

② 4대강

1) 한강

강원도 금강산 부근에서 발원한 북한강은 남류하면서 금강천·수입천·화천천과 합류하고, 춘천에서 소양강과 합류한다. 강원도 태백시 대덕산 검룡소에서 발원한 남한강은 남류하면서 평창강·주천강을 합하고 단양을 지나면서 북서로 흘러 달천·섬강·청미천·흑천과 합친 뒤 양수리에서 북한강과 합류한다. 한강은 계속 북서 방향으로 흐르면서 왕숙천·중랑천·안양천 등의 소지류를 합류하여 김포평야를 지난 뒤 서해로 들어간다.

<figure>
<figcaption>그림 3-11 한강과 지류</figcaption>

자료: 저자
</figure>

그림 3-12 두물머리 위치

자료: 구글

그림 3-13 두물머리 전경

자료: 저자

그림 3-14 소양강 댐

자료: 저자

한강의 여러 댐 중 소양강 댐은 우리나라가 개발도상국으로 발돋움하던 1960년대에 경부고속도로, 서울지하철 1호선과 함께 정부의 3대 국책사업으로 선정 후 건설했다. 북한강 유역의 유일한 다목적 댐으로서 1967년 4월 15일 착공해서 1973년 10월 15일까지 6년 6개월 만에 준공했다. 소양강 댐은 안정된 용수 공급과 상습적인 홍수로부터 한강 지역의 피해를 크게 줄이고, 제2차 석유 파동으로 인한 전력난을 해소하는 등 대한민국 경제 성장에 크게 이바지했다. 소양강 댐 축조로 형성된 거대한 인공호소인 소양호는 아름다운 경관으로 연간 100만 명 이상이 찾는 춘천팔경 중 하나며, 관광, 레저, 문화관광특구 개발을 통해 지역 발전의 한 축을 담당하고 있다.

2) 낙동강

낙동강은 함백산에서 발원한 본류는 남류하다가 안동 부근에 이르러 반변천(116.1㎞)을 비롯한 여러 지류와 합류, 서쪽으로 흐르다가 함창과 점촌 부근에서 내성천(107.1㎞), 영강(69.3㎞)과 합류한 뒤 다시 남류한다. 이 유로에서 상주와 선산에 이르러 위천(117.5㎞)과 감천(76.6㎞)과 합하고 다시 대구광역시 부근에서 금호강(118.4㎞)과 합류한다. 경상남도

에 접어들면서 황강(116.9㎞), 남강(193.7㎞)과 합한 뒤 동류하다가 삼랑진 부근에서 밀양강
(101.0㎞)을 합친 뒤 남쪽으로 유로를 전환하여 부산광역시 서쪽에서 바다로 흘러간다.

그림 3-15 **낙동강과 지류**

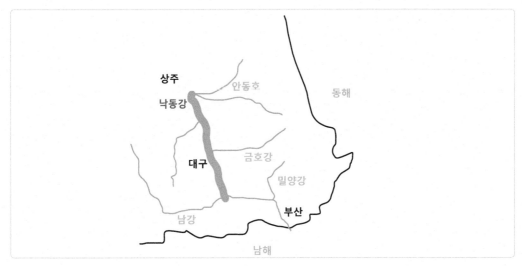

자료: 저자

3) 금강

금강의 본류는 전북 장수군 장수읍 수분리에서 남쪽으로 흐르는 섬진강과 갈라져 진안
고원과 덕유산 지역에서 흘러오는 구리향천(34㎞) · 정자천(30㎞) 등 여러 지류들이 북쪽으
로 흐른다. 전라북도의 북동부 경계 지역에 이르러 남대천(44㎞) · 봉황천(30㎞)과 합류하고
옥천과 영동 사이의 충청북도 남서부에서 송천(70㎞) 및 보청천(65㎞)과 합류한 뒤 북서쪽
으로 물길을 바꾼다. 다시 갑천(57㎞) 등 여러 지류가 합쳐 충청남도의 부강에 이르러 남서
방향으로 물길을 바꾸면서 미호천과 합류하고, 공주와 부여 등 백제 고도를 지나 강경에
이르러서는 충청남도와 전라북도의 도계를 이루며 서해로 흘러 들어간다.

금강과 지류

4) 영산강

영산강은 전라남도 담양군 용면용 연리 용추봉(560m)에서 발원하여 광주광역시, 나주시, 영암군 등을 지나 영산강 하구둑에서 서해로 유입하는 하천이다.

영산강과 지류

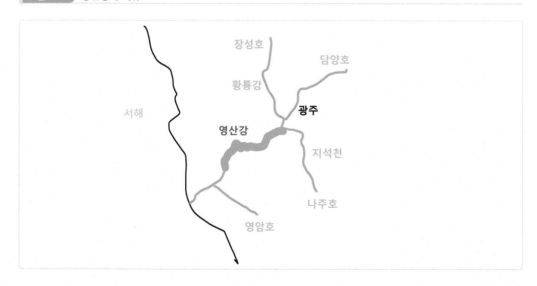

제5절 기타 자연관광

① 온천

온천은 땅에서 쏟아져 나오는 지하수로 섭씨 25도 이상의 온수를 말하며, 물리적, 화학적으로 보통의 물과는 성질이 다른 천연의 특수한 물로 인체에 해롭지 않아야 한다. 우리나라 온천에 관한 기록은 고구려 서천왕(서기 286년경)의 아우가 온천욕을 하였다는 『동사강목(東史綱目)』의 기록이 처음이다. 『동국여지승람』에는 세종대왕과 현종, 정조에 이르기까지 다양한 왕들이 '온천'을 통해 지병을 치료했다는 기록이 나온다. 1970년대 온천지역 개발이 이뤄지면서 다양한 피부질환을 앓던 환자들이 온천욕을 통해 완치할 수 있었다는 이야기를 심심치 않게 전해 들을 수 있었다. 우리나라의 대표 '3대 온천'은 충주 수안보온천, 온양온천, 울진 백암온천을 꼽는다. 그중 온양온천은 1971년 5월 20일 관광지로 지정되어 1985년 국민관광지가 되었다. 1986년 아시안 게임과 1988년 서울올림픽 개최 영향으로 당시 '온양온천'은 6.25전쟁 후 비약적으로 발전한 우리나라 모습을 보여주는 역할을 했다(https://url.kr/zve5h4).

그림 3-18 우리나라 온천과 스파

자료: 한국관광공사

표 3-15 온천 이용 단계별 현황

(2022.1.1. 기준)

총계	신고수리	보호지구지정			보호구역지정			연간이용인원
		계	이용 중	개발 중	계	이용 중	개발 중	
441 (579)	66 (26)	126 (359)	66 (358)	60 (1)	249 (194)	186 (189)	63 (5)	34,356

자료: 행정안전부; ( )는 이용업소 수

표 3-16 우리나라 온천 지정 현황

(2022.1.1. 기준; 단위: ㎡, 천 명; ( ) 이용업소 수)

시도별	계	온천원 보호지구		온천공 보호구역		연간 이용
		지구 수	지정면적	구역 수	지정면적	
합계	252(547)	66(358)	156,552,000	186(189)	4,191,749	34,356
서울	9(9)	1(1)	149,800	8(8)	94,965	349
부산	39(67)	3(33)	3,592,389	36(34)	266,862	6,039
대구	13(13)	1(1)	1,731,500	12(12)	79,285	1,381
인천	0(1)	0(1)	5,229,723	0(0)	45,972	35
광주	2(2)	1(1)	949,681	1(1)	2,391	151
대전	4(69)	1(66)	938,854	3(3)	18,221	1,244
울산	11(17)	4(11)	3,818,217	7(6)	106,688	959
세종	2(2)	0(0)	0	2(2)	13,421	1
경기	21(24)	7(9)	16,422,630	14(15)	405,572	2,289
강원	26(39)	10(24)	17,066,205	16(15)	400,139	1,764
충북	12(45)	5(38)	18,786,245	7(7)	30,822	1,462
충남	9(80)	7(78)	10,601,375	2(2)	53,454	5,991
전북	5(5)	1(1)	10,713,575	4(4)	31,983	327
전남	8(12)	4(2)	6,753,252	4(10)	1,715,862	808
경북	63(91)	15(43)	46,336,319	48(48)	521,612	5,785
경남	24(67)	5(48)	11,594,488	19(19)	278,251	5,112
제주	4(4)	1(1)	1,867,747	3(3)	126,250	660

자료: 행정안전부(2022)

② 동굴

　동굴은 천연으로 이루어진 바위굴로 석회동굴, 화산동굴, 해식동굴, 빙하동굴, 석고동굴, 사암동굴 등으로 구분한다. 동굴은 연중 기온이 비교적 일정한데 보통 15~18℃를 항상 유지하기에 여름은 시원하고 겨울에는 따뜻하여 피서 목적으로 동굴을 찾는다. 동굴은 크기와 생성 원인도 다양하다. 화학적 또는 물리적 원인, 지각 변동으로 생성되며, 심지어 생물학적 원인에 의해 생성되기도 한다. 물에 녹아서, 깎여서, 화산 폭발 등으로 3가지 경우가 대부분이다.

1) 석회동굴

석회동굴은 종유굴이라고도 불리며, 세계 대부분 동굴은 석회동굴이다. 카르스트 지형 중 하나로 석회암을 기반암으로 하는 지층에서 흐르는 물의 용식(溶蝕, 빗물이나 지하수가 암석을 용해하여 침식하는 현상) 작용으로 지층이 침식해서 생기는 동굴이다.

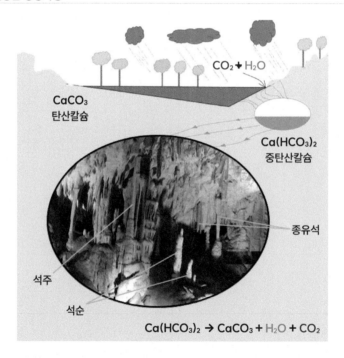

그림 3-19 석회동굴 형성과정

동굴이 생기는 가장 흔한 원인은 지반이 지하수에 녹는 것이다. 특히 석회암이 물에 잘 녹는다. 정확하게는 물에 녹는 것이 아니라 탄산에 녹는 것이다. 물에 대기 중의 이산화탄소가 녹으면 탄산이라는 약산이 생기는데, 이 물이 바위틈을 통해 땅 밑으로 스며들고, 거기에 포함된 산성 성분이 석회암을 녹인다. 이렇듯 지반이 용해하여 생성된 동굴 중 가장 대표적인 것이 석회암 동굴이다. 석회암 동굴에서는 탄산칼슘이 석출되어 종유석이나 석

순 같은 것을 형성한다. 산성을 띤 물이 석회암을 녹이는 것은 동굴뿐만 아니며 일반적으로 석회암 지대를 녹여 침식 지형을 이루는데, 이를 카르스트 지형이라 한다.

2) 용암동굴

용암동굴은 점성이 낮아 잘 흘러가는 용암류(熔岩流; 용암이 흘러가는 것이나 흘러가다 굳은 것)에 발달하는 동굴로서 화산활동으로 이루어진 화산동굴의 한 종류다. 1,000℃ 내외가 되는 뜨거운 액체 상태의 용암류가 흘러내릴 때 표면은 먼저 식어 굳어지지만, 내부의 굳지 않은 뜨거운 용암은 계속 흘러내려 빠져나가면 용암류의 속이 비게 되어 생기는 동굴이 용암동굴이다. 용암동굴의 생성 원리는 간단하다고 생각할 수도 있으나 동굴이 생긴 이후에도 용암동굴 속으로 뜨거운 용암류가 계속해서 흘러들면 동굴의 바닥, 벽, 천장 등이 녹아내려 동굴은 더욱 커지고 복잡한 구조를 갖게 된다. 현재까지의 용암동굴은 대부분 제주도에서 150여 개가 발견되고 있다.

화산 폭발로 용암이 흘러내릴 때, 공기 쪽에 접하는 바깥쪽은 식어서 암석으로 굳어버리나 안쪽은 아직 뜨거운 상태라서 계속 산 아래로 흐르는 경우가 있다. 굳어버린 바깥쪽을 내버려 두고 안쪽 용암만 계속 흘러내려 다 빠져나가면 속이 텅 빈 동굴이 완성된다.

그림 3-20 제주 만장굴

자료: 위키백과

거문오름용암 동굴계는 거문오름으로부터 수차례에 걸쳐 분출된 많은 양의 현무암질 용암류가 지표를 따라 해안까지 흘러가는 동안 형성된 일련의 용암동굴 무리를 일컫는다. 거문오름, 벵뒤굴, 웃산전굴, 북오름굴, 대림굴, 만장굴, 김녕굴, 용천동굴, 당처물동굴이 포함되어 있다. 이 동굴들은 규모가 크고 생성 시기가 아주 오래되었으나 동굴 속에 있는 여러 구조나 형태가 아주 잘 보존되어 있고, 그 내부의 경관이 매우 뛰어나다. 특히 용천 동굴과 당처물동굴 속에는 외국의 다른 동굴에서는 볼 수 없는 석회 성분으로 이루어진 흰색과 갈색의 동굴 생성물이 검은색의 용암 동굴 속에 아름답게 성장하고 있다. 이러한 특성은 우리나라 최초로 '제주화산섬과 용암 동굴'이 세계자연유산으로 지정되는 데 결정적 역할을 했다.

자료: 제주세계자연유산본부

3) 해식동굴

바닷가에 있는 절벽의 약한 부분이 파도에 의해 침식되어 동굴이 생기는 경우가 있는데, 이를 해식동(海蝕洞)이라 한다. 침식이 이루어지는 약한 부분은 단층이 많으나 암맥이나 퇴적암의 층리면인 것도 있다. 파도에 침식되어 만들어졌는데도 해수면 위에 동굴이 생성된 것도 있는데, 그것은 침식 후에 지각 변동으로 지반이 밀려 올라간 경우다. 해식동은 길이 5~50m인 경우가 대부분이지만 간혹 길이가 300m를 넘는 것도 있다.

그림 3-21 해식동굴

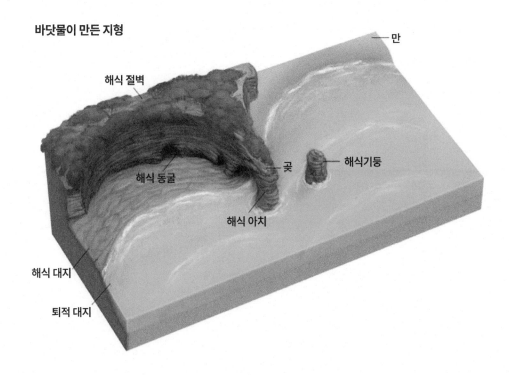

바닷물이 만든 지형

- 만
- 해식 절벽
- 해식 동굴
- 곶
- 해식기둥
- 해식 아치
- 해식 대지
- 퇴적 대지

③ 생태관광

1) 생태관광 개념

생태관광은 관광지의 자연환경 보전, 고유문화와 역사 유적의 보전, 생태적으로 양호한 지역에 대한 관찰과 학습, 관광지와 사업체의 지속가능한 관광사업, 관광객의 지속가능한 관광활동 등을 포괄하는 관광이며, 녹색관광(green tourism), 자연관광(nature tourism) 등과 유사한 개념이다.

생태관광은 자연경관을 관찰하고 야외에서 간단한 휴양을 하면서 자연을 훼손하지 않는 관광이다. 자연경관을 관찰하는 관광 수요가 늘어나 자연생태계를 파괴하게 되면서 자연과 유적 및 지역의 문화를 보호하면서 동시에 지역주민들에게도 관광 이익을 발생하게 만드는 지속가능한 관광이다. 자연에 대한 적절한 학습을 통한 지적 만족감과 자연을 보호한다는 개인적인 보람도 느낄 수 있고, 관광 대상 지역을 지속적으로 보존할 수 있는 관광 방식이다.

기본 전제 (Fennel, 1999)	최소한의 환경적 영향
	지역문화에 대한 최소한의 영향과 최대한의 주의
	지역주민에 대한 최대한의 경제적 이익
	참가관광객에 대한 최대한의 오락적 만족
개념적 요소(4E) (Douglas & Derrett, 2001)	Environment based(환경)
	Ecologically sound(생태)
	Educative(교육)
	Ethical(윤리)

2) 생태관광 필요성

생태관광은 여가 생활의 패턴 변화와 대안관광의 수요가 증가하면서 자연적으로 발생하였다. 생태관광지는 우수한 생태문화자원을 보유해야 하므로 그 지역은 깨끗한 자연환경이 잘 보전된 살기 좋은 마을로 관광객이 인식하게 된다. 자연보호와 지역경제 발전이 동시에 가능하며, 습지보전지역 개발 행위가 제한되므로 지역주민들의 보호지역 지정에의 반대가 65%로 나타났으나 생태관광을 통해 지역주민의 소득을 높여주면 주민과 지자체가 적극적으로 보호지역 지정을 요구하고 자연보전에 노력하게 된다. 대표적으로 강화도 서남단 지역의 갯벌, 철새 도래지로 유명한 창녕 우포늪, 창원 주남저수지, 순천만 등이 좋은 사례로 꼽히고 있다.

생태관광은 우포늪이 왜 그렇게 유명한지, 순천만 갯벌을 왜 보전해야 하는지 등에 관한 이야기와 설명이 수반되는 체험이며, 가족 단위 등 소규모 그룹으로 진행됨으로써 자연과 문화를 이해할 수 있다. 자연환경을 보전하면서도 지역 사회 소득 증대에 이바지하여 환경과 경제를 동시에 살릴 수 있다. 호텔, 리조트 등 대규모 개발 위주의 관광은 지역주민에게 실질적인 혜택을 주는 데 한계가 있다. 인도네시아의 코모도섬 생태관광객은 하루 평균 100달러를 그 지역에 남기지만 패키지 관광객은 50달러, 크루즈 관광객은 5센트만 소비한다.

3) 생태관광 효과

생태관광은 교육, 보전, 환경 등 3가지 효과가 있다. 순천만 갈대밭을 탐방한 관광객은 갯벌과 갈대밭이 생태계에서 어떤 역할을 하는지 배우게 되고, 그것이 자연과 우리 인간들에게 얼마나 소중한지 알게 되면서 저절로 환경보호론자가 된다. 아는 만큼 느끼고 느낀 만큼 소중히 생각하며 소중한 만큼 지키고 보전하게 만드는 교육적 효과가 크다. 규제 위주의 보호 대책만으로는 인근 지역주민의 자발적인 자연환경 보전 활동을 유도할 수 없으며, 그 지역에서 보유하고 있는 습지나 생태계 우수지역이 지역주민의 소득 창출과 연계되면 지역주민 스스로가 적극적으로 행동하게 된다. 순천만 갯벌과 우포늪의 성공적 사례를 비슷한 여건의 다른 지자체들이 수용함으로써 전국적으로 자연환경 보전지역이 늘어나고 그만큼 난개발을 통한 자연환경 훼손을 감소시킬 수 있다.

표 3-17 생태관광 효과

부문	긍정적 효과	부정적 효과
사회	· 지역 사회 결속력 강화 · 일부 지역 사회 환원 · 문화와 자연자원의 독특함과 가치에 대한 외부인 인정(지역 구성원 자부심 강화)	· 외부 문화 수용으로 전통문화 상실 · 약자 그룹에 대한 이익의 공정분배 실패 · 개인·가족·소수민족과 사회경제 그룹 등의 이익경쟁과 이익공유 거부
경제	· 고용 증가(안내, 건축, 소매점, 식당 등) · 지속적인 경제적 이익 유발 · 가정에 이익분배와 삶의 질 향상	· 산발적 소규모 이익 · 수입 혜택이 지역 상류층, 공공기관, 외부 업체 등에 치중 · 소수의 개인·가족만 직접 혜택 · 자본과 적절한 기술 부족으로 경제적 이익 어려움
환경	· 자연에 대한 인식·태도 변화 · 자연보호 시스템 발달 · 자연자원 보호·관리 예산 증가 · 자연자원 정화 노력(수질 개선, 해변 청소)	· 인프라 건설로 환경 악화 · 관광객 소음 발생 · 야생동식물의 생물학적 변형 유발 · 자연자원 사용의 증가

그림 3-22 파주 공릉천 늪지대

자료: 저자

　환경부는 습지보호지역, 생태·경관보전지역 등 환경보전 가치가 있고 생태계 보호의 중요성을 체험·교육할 수 있는 지역을 '생태관광지역'으로 지정(자연환경보전법 제41조, 2022년 기준 29개소)하고 있다. 생태관광지역에는 전문가 컨설팅을 통해 주민협의체 구성·운영, 생태관광자원 조사·발굴 및 프로그램 개발, 소득 창출 및 홍보방안 등 조기 정착 및 브랜드화를 지원한다.

　생태관광 프로그램은 자연 속에서 생태를 체험하면서 인성과 감성을 키울 수 있는 기회를 마련하며, 지역의 환경수용력을 고려하여 소규모 단체가 참여할 수 있는 프로그램을 중점으로 개발·운영하고 있다. 또한, 국립공원을 중심으로 교과과정 연계 프로그램(생태수학여행)과 생태나누리 사업 등 자원봉사와 생태관광을 융합한 사회공헌형 생태관광 프로그램도 개발·운영하고 있다.

　최근 국립공원, 습지보호지역, 생태·경관보전지역 등 생태 우수지역에서 자연을 느끼고 체험하는 생태탐방에 대한 수요는 늘고 있으나 숙박, 체험시설 등이 부족하여 생태관광 활성화에 저해 요인으로 작용한다. 숙박 여건이 갖춰지지 않은 생태관광지역에는 체류하면서 자연 체험이 가능하도록 환경친화적 에코촌을 조성하고 있는데 2021년 현재 순천 순천만, 창녕 우포늪, 제주 동백동산, 고창 고인돌·운곡습지에 생태촌이 운영 중이다. 또한, 국립공원에서는 국립공원의 우수 생태계와 인근 지역 사회의 생태관광자원을 연계한 생태체험, 환경교육 등을 지원하고, 생태관광 전문인력 양성, 우수 생태관광 프로그램 개발·보급과 더불어 정상 정복 중심의 등산 문화 개선을 위한 생태탐방원을 조성·운영하고 있다. 2021년 현재 북한산, 지리산, 설악산, 소백산, 한려해상, 가야산, 무등산, 내장산 생태탐방원까지 총 8개가 운영 중이다.

환경부는 생태관광객에게 자연에 대한 의미와 감동을 전해주는 고품질 해설 서비스를 제공하기 위해 '자연환경해설사'를 양성하고 있다. 환경부에서 지정한 양성기관에서 교육을 수료한 자연환경해설사는 국립공원, 습지보호지역, 생태·경관보전지역, 생태관광지역 등에서 활동하고 있으며, 특히 생태관광지역에서는 지역주민이 직접 교육을 이수하고 해설사로 활동할 수 있도록 지원하고 있다.

그림 3-23 생태관광지역 지정 현황

철원 DMZ 두루미평화타운 및
철새도래지
양구 DMZ
인제 생태마을
(용늪)
강릉 가시연습지·경포호

평창 어름치마을(백룡동굴)

안산 대부도·대송습지

괴산 산막이 옛길과 괴산호
울진 왕피천

서산 천수만

영양 밤하늘·반딧불이 공원

서천 금강하구 및 유부도

정읍 월영습지와
솔티숲
밀양 사지평습지와
재악산

고창 고인돌·운곡습지
창녕 우포숲
울산 태화강

광주 평촌마을
김해 화포천습지

부산 낙동강하구

신안 영산도
순천 순천만
남해 앵강만

완도 상서마을

제주
동백동산
저지 곶자왈과
저지오름
서귀포 효돈천과
하례리 마을

자료: 우리나라 생태관광 이야기(http://www.eco-tour.kr)

제4장

문화관광

관광
자원론

Tourism Resources

제**4**장

문화관광

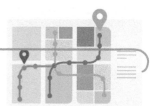

🎯 학습목표

1. 문화관광의 개념과 유형을 이해하고 설명할 수 있다.
2. 국가유산, 세계유산, 무형문화유산, 세계기록유산의 가치와 현황을 이해할 수 있다.

제1절 문화관광의 이해

① 문화관광 개념

현대사회는 정신적 풍요를 중시하는 가치관의 변화, 교육과 생활 수준 향상에 따른 문화 욕구의 다양성을 요구하고 있다. 전 세계 어느 곳을 가든 비슷해지는 인간의 생활양식에 대한 반작용으로 독특한 지역문화의 재평가와 지역주민이 주체가 되는 관광 발굴, 복원, 전승 노력이 활발해지고 있다. 정보통신체계의 발달에 따라 다른 문화권의 정보를 쉽게 탐색하고 획득할 수 있으며, 관광교통 운송 수단의 급격한 발전으로 관광목적지로 더 빠르고 쉽게 도달할 수 있어 여행경험을 통한 관광 기대 수준은 매우 높아졌고, 단순히 보고 즐기는 여행이 아닌, 관광객이 직접 체험해서 얻을 수 있는 교육 효과와 정신적 성숙을 기대하는 여행을 선호하는 경향이 뚜렷해지고 있다.

문화관광의 사전적 의미는 "유적·유물·전통공예·예술 등이 보존되거나 스며 있는 지역 또는 사람의 풍요로웠던 과거에 초점을 두고 관광하는 행위"라고 한다. 현대 관광의 새로운 유형으로서 문화관광은 문화의 재발견이며 역사적 요충지의 문화 체험이고, 과거의 유물이나 유적과 같은 유형적 관광자원뿐만 아니라 인간의 정신세계와 사회체계 등을 포함하는 개념으로 파악하여 다른 국가나 다른 지역의 생활양식과 전통적 풍습 등을 체험하는 관광으로 정의할 수 있다. 문화관광은 보고 즐기는 형태의 관광이 아니라 직접 경험하고 느끼는 관광이고 새로운 세계관과 가치관을 형성하게 하는 관광으로 재해석되고 있다. 더 쉽게, 포괄적으로 말하면 자연관광과 대비되는 것이 문화관광이다.

② 문화관광 유형

문화관광의 유형은 관광 활동의 목적과 관광지, 관광자원의 성격에 따라 구체화한 하나의 관광 형태로 볼 수 있다. UNWTO(세계관광기구)는 문화관광은 특별한 유적이나 기념물을 관람할 목적으로 여행하는 것이라고 정의했으며, 한국관광공사는 유적관광, 예술관광, 교육여행, 종족생활 체험관광으로 구분하기도 했다. 대표적인 문화관광의 유형은 유적관광, 예술관광, 종교관광, 민속관광, 축제관광, 음식관광 등으로 나눌 수 있다.

표 4-1 **문화관광 유형과 사례**

유형	내용	명소
유적관광	특정 시대를 대표하는 유적지	창덕궁
예술관광	미술, 건축, 음악 등 경험	국립현대미술관 서울관
종교관광	성지순례, 사원, 종교행사 참가	양화진외국인선교사묘원
민속관광	다른 민족 또는 지역의 문화 체험	한국민속촌
축제관광	축제 참가	정남진 장흥 물축제
음식관광	음식을 먹거나 만드는 것(쿠킹클래스)	광장시장

자료: 저자

제2절 국가유산

① 국가유산 개념

국가유산은 인위적이거나 자연적으로 형성된 국가적·민족적 또는 세계적 유산으로서 역사적·예술적·학술적 또는 경관적 가치가 큰 문화유산·자연유산·무형유산을 말한다. 문화유산은 우리 역사와 전통의 산물로서 문화의 고유성, 겨레의 정체성 및 국민 생활의 변화를 나타내는 유형의 문화적 유산(유형문화유산, 기념물, 민속문화유산)이며, 자연유산은 동물·식물·지형·지질 등의 자연물 또는 자연환경과의 상호작용으로 조성된 문화적 유산이다. 무형유산은 여러 세대에 걸쳐 전승되어, 공동체·집단과 역사·환경의 상호작용으로 끊임없이 재창조된 무형의 문화적 유산이다(국가유산기본법 제3조).

그림 4-1 국가유산청 조직도

자료: 국가유산청 홈페이지(https://www.khs.go.kr)

문화체육관광부 소속 기관인 국가유산청은 국가유산을 체계적으로 보존·관리하여 민족 문화를 계승하고 이를 효율적으로 활용하여 국민의 문화적 향상을 도모하는 것이 기본 임무다. 국가유산 지정과 등록, 현상 변경과 발굴 등 허가, 국가유산 보존과 재정지원, 조선 궁, 능 및 중요 유적지 관리, 국가유산 세계화와 남북 국가유산 교류, 문화유산 조사와 연구 및 전문인력 양성 등 다양한 일을 하고 있다.

② 국가유산 종류

국가유산은 문화유산, 자연유산, 무형유산 등 3가지로 대분류할 수 있다. 여기에 지정과 등록의 주체에 따라 5가지로 중분류하며, 상세 내용에 따라 세분류할 수 있다. 자세한 내용은 다음 표와 같다.

표 4-2 **국가유산 종류**

구분		문화유산	자연유산	무형유산
지정	국가지정유산	국보, 보물, 국가민속문화유산, 사적	명승, 천연기념물	국가무형유산
	시도지정유산	시도유형문화유산, 시도민속문화유산, 시도기념물	시도자연유산	시도무형유산
	문화유산자료	국가 또는 시도지사가 지정하지 않은 문화유산 중 향토문화 보존을 위해 필요하다고 인정하는 것		
		시도문화유산자료	시도자연유산자료	
등록	국가등록유산	지정문화유산이 아닌 근현대문화유산 중 건설·제작·형성된 후 50년 이상이 지난 것으로서 보존 및 활용의 조치가 특별히 필요하여 등록한 근현대문화유산		
	시도등록유산	지정유산으로 지정되지 아니하거나 국가등록문화유산으로 등록되지 아니한 유형문화유산, 기념물 및 민속문화유산 중에서 보존과 활용을 위한 조치가 필요한 것을 시·도 조례에 의하여 등록한 문화유산		

자료: 저자

2023년 기준 우리나라 국가지정유산은 4,357개가 지정돼 있다. 국보 358점, 보물 2,385점, 사적 531점, 명승 134점, 천연기념물 479점, 국가무형유산 160점, 국가민속문화유산 310점이다. 국가등록문화유산은 959점, 시도지정유산은 6,981점으로 시도유형문화유산 4,139점, 시도무형유산 605점, 시도기념물과 시도자연유산 1,761점, 시도민속문화유산 476점이다. 시도등록문화유산 84점, 문화유산자료와 자연유산자료는 2,900점이 등록돼 있다.

표 4-3 지정등록유산 현황

(단위 : 건, 종목)

구분	서울	부산	대구	인천	광주	대전	울산	세종	경기	강원	충북	충남	전북	전남	경북	경남	제주	기타	합계
국가지정유산																			
국보	166	7	4	1	2	1	2	0	13	13	13	31	10	22	56	17	0	0	358
보물	760	57	89	28	17	11	10	3	200	87	98	134	108	208	378	190	7	0	2,385
사적	69	6	11	20	2	1	5	0	69	22	19	51	44	46	102	55	7	2	531
명승	3	2	0	1	1	0	1	0	6	26	10	3	11	28	18	15	9	0	134
천연기념물	12	7	2	14	2	2	3	2	22	45	23	18	34	61	73	46	49	64	479
국가무형유산	32	5	0	5	1	0	0	0	10	3	4	4	9	14	11	15	5	42	160
국가민속문화유산	42	2	6	0	3	2	2	1	24	11	21	24	14	38	98	13	9	0	310
합계	1,084	86	112	69	28	17	23	6	344	207	188	265	230	417	736	351	86	108	4,357

구분	서울	부산	대구	인천	광주	대전	울산	세종	경기	강원	충북	충남	전북	전남	경북	경남	제주	합계
등록유산																		
국가등록문화유산	235	22	14	9	22	23	7	2	95	54	32	77	91	116	66	68	26	959
시도지정유산																		
시도유형문화유산	523	215	97	76	31	57	40	20	344	182	348	208	278	265	503	913	39	4,139
시도무형유산	54	25	17	29	21	25	6	3	70	33	27	55	62	53	48	41	23	605
시도기념물 및 시도자연유산	40	52	19	63	24	47	47	11	188	80	138	166	133	197	155	272	128	1,761
시도민속문화유산	35	19	4	2	9	2	2		14	4	20	28	36	42	155	21	82	476
합계	653	311	140	170	85	131	96	34	615	302	532	458	512	560	862	1,248	272	6,981
시도등록문화유산	19	2	-	8	-	1	-	-	15	-	2	3	7	-	-	-	9	84
문화유산자료 및 자연유산자료	83	127	66	26	31	63	34	14	193	149	95	314	160	251	585	699	10	2,900

자료: 국가유산청(https://www.khs.go.kr) 자료를 바탕으로 저자 재정리(2023.12.31. 기준)

③ 국가지정유산

1) 국보

국보 지정 기준은 보물에 해당하는 문화유산 중 특히 역사적, 학술적, 예술적 가치가 큰 것으로, 제작 연대가 오래되었으며, 그 시대의 대표적인 것으로서, 특히 보존가치가 큰 것, 조형미나 제작기술이 특히 우수하여 그 유례가 적은 것, 형태·품질·제재(製材)·용도가 현저히 특이한 것, 특히 저명한 인물과 관련이 깊거나 그가 제작한 것 등이다.

(1) 서울 숭례문

조선시대 한양도성을 둘러싸고 있던 성곽의 정문으로 남쪽에 있다고 해서 남대문이라고도 불렀다. 현재 서울에 남아 있는 목조 건물 중 가장 오래된 것으로 태조 5년(1396)에 짓기 시작하여 태조 7년(1398)에 완성하였다. 이 건물은 세종 30년(1448)에 고쳐 지은 것인데 1961~1963년 해체·수리 때 성종 10년(1479)에도 큰 공사가 있었다는 사실이 밝혀졌다. 이후, 2008년 2월 10일 숭례문 방화 화재로 누각 2층 지붕이 붕괴되고 1층 지붕도 일부 소실되는 등 큰 피해를 보았으며, 5년 2개월에 걸친 복원공사 끝에 2013년 5월 4일 준공되어 일반에 공개되고 있다.

숭례문은 돌을 높이 쌓아 만든 석축 가운데에 무지개 모양의 홍예문을 두고, 그 위에 앞면 5칸, 옆면 2칸 크기로 지은 누각형 2층 건물이다. 지붕은 앞면에서 볼 때 사다리꼴 형태를 하고 있는데, 이러한 지붕을 우진각지붕이라고 한다. 지붕 처마를 받치기 위해 기둥 윗부분에 장식하여 짠 구조가 기둥 위뿐만 아니라 기둥 사이에도 있는 다포양식으로, 그 형태가 곡이 심하지 않고 짜임도 건실해 조선 전기의 특징을 잘 보여주고 있다. 『지봉유설』 기록에는 '숭례문'이라고 쓴 현판을 태종의 장남이자 세종대왕의 형인 양녕대군이 썼다고 한다. 지어진 연대를 정확히 알 수 있는 서울 성곽 중에서 제일 오래된 목조 건축물이다.

그림 4-2 **서울 숭례문**

(2) 서울 원각사지 십층 석탑

원각사는 지금의 탑골공원 자리에 있었던 절로 조선 세조 11년(1465)에 세웠다. 조선시대의 숭유억불 정책 속에서도 중요한 사찰로 보호되어 오다가 1504년 연산군이 이 절을 '연방원(聯芳院)'이라는 이름의 기생집으로 만들어 승려들을 내보냄으로써 절은 없어지게 되었다. 이 탑은 조선시대의 석탑으로는 유일한 형태로 높이는 약 12m다. 대리석으로 만들어졌으며 탑 구석구석에 표현된 화려한 조각이 대리석의 회백색과 잘 어울려 더욱 아름답게 보인다.

탑을 받쳐주는 기단은 3단으로 되어 있고, 위에서 보면 아(亞)자 모양이다. 기단의 각 층 옆면에는 여러 가지 장식이 화사하게 조각되었는데 용, 사자, 연꽃무늬 등이 표현되었다. 탑신부는 10층으로 이루어져 있으며, 3층까지는 기단과 같은 아(亞)자 모양을 하고 있고 4층부터는 정사각형의 평면을 이루고 있다. 각 층마다 목조건축을 모방하여 지붕, 공포(목조건축에서 처마를 받치기 위해 기둥 위에 얹는 부재), 기둥 등을 세부적으로 잘 표현하였다.

우리나라 석탑의 일반적 재료가 화강암이지만 대리석으로 만들었고, 전체적인 형태나 세부 구조 등이 고려시대 경천사지 10층 석탑과 매우 비슷하여 더욱 주의를 끌고 있다. 탑의 윗부분에 남아 있는 기록으로 세조 13년(1467)에 만들어졌음을 알 수 있으며, 형태가 특이하고 표현 장식이 풍부하여 훌륭한 걸작품으로 손꼽히고 있다.

그림 4-3 **서울 원각사지 십층 석탑**

자료: 저자

(3) 서울 북한산 신라 진흥왕 순수비

신라 진흥왕(재위 540~576)이 세운 순수척경비(巡狩拓境碑) 가운데 하나로, 한강 유역을 영토로 편입한 뒤 왕이 이 지역을 방문한 것을 기념하기 위하여 세운 것이다. 원래는 북한산비봉에 자리하고 있었으나 비(碑)를 보존하기 위하여 경복궁에 옮겨 놓았다가 현재는 국립중앙박물관에 보관되어 있다.

비의 형태는 직사각형의 다듬어진 돌을 사용하였으며, 자연암반 위에 2단의 층을 만들고 세웠다. 윗부분이 일부 없어졌는데, 현재 남아 있는 비 몸의 크기는 높이 1.54m, 너비 69㎝이며, 비석의 글은 모두 12행으로 행마다 32자가 해서체로 새겨져 있다. 내용으로는 왕이 지방을 방문하는 목적과 비를 세우게 된 까닭 등이 기록되어 있는데 대부분이 진흥왕의 영토확장을 찬양하는 내용으로 이루어져 있다.

비의 건립연대는 비문에 새겨진 연호가 닳아 없어져 확실하지 않으나, 창녕 신라 진흥왕 척경비(국보 33호)가 건립된 진흥왕 22년(561)과 황초령비가 세워진 진흥왕 29

그림 4-4 서울 북한산 신라 진흥왕 순수비

자료: 저자

년(568) 사이에 세워졌거나 그 이후로 짐작하고 있다. 조선 순조 16년(1816)에 추사 김정희가 발견하고 판독하여 세상에 알려졌으며, 비에 새겨진 당시의 역사적 사실 등은 삼국시대 역사를 연구하는 데 귀중한 자료가 되고 있다.

2) 보물

보물은 역사적, 예술적, 학술적 가치가 큰 것으로 국가가 법으로 지정한 유형문화재를 말한다. 목조와 석조건물, 고문서, 회화, 조각, 공예품, 고고 자료, 무구 등이다. 국보와 보물의 차이는 국보는 분류별로 보물의 가치가 있는 문화유산 중에서 시대를 대표하거나 역사적, 학술적, 예술적 가치가 으뜸인 것을 지정한 것이고, 보물은 일반적인 보물 지정 기준에 따른 문화유산이므로 같은 수준의 것이 많고 지정 수는 국보보다 많다.

(1) 흥인지문

서울 성곽은 옛날 중요한 국가시설이 있는 한성부를 보호하기 위해 만든 도성(都城)으로, 흥인지문은 성곽 8개의 문 가운데 동쪽에 있는 문이다. 흔히 동대문이라고도 부르는데, 조선 태조 5년(1396) 도성 축조 때 건립되었으나 단종 원년(1453)에 고쳐 지었고, 지금 있는 문은 고종 6년(1869)에 새로 지은 것이다. 앞면 5칸·옆면 2칸 규모의 2층 건물로, 지붕은 앞면에서 볼 때 사다리꼴을 한 우진각지붕이다. 지붕 처마를 받치기 위해 장식하여 만든 공포가 기둥 위뿐만 아니라 기둥 사이에도 있는 다포양식인데, 그 형태가 가늘고 약하며 지나치게 장식한 부분이 많아 조선 후기의 특징이 잘 나타나 있다. 또한 바깥쪽으로는 성문을 보호하고 튼튼히 지키기 위하여 반원 모양의 옹성(甕城)을 쌓았는데, 이는 적을 공격하기에 합리적으로 계획된 시설이라 할 수 있다. 흥인지문은 도성의 8개 대소성문(흥인지문, 돈의문, 숭례문, 숙정문, 혜화문, 소의문, 광희문, 창의문) 중 유일하게 옹성을 갖추고 있으며, 조선 후기 건축 양식을 잘 나타낸다.

그림 4-5 **흥인지문**

3) 사적

사적은 기념물 중 절터, 옛무덤, 조개무덤, 성터, 궁터, 가마터, 유물포함층 등의 유적지와 특별히 기념이 될 만한 시설물로서 역사적, 학술적 가치가 큰 것이다.

(1) 포석정지

경주 남산 서쪽 계곡에 있는 신라시대 연회 장소로 조성 연대는 신라 제49대 헌강왕(875~885) 때로 본다. 중국의 명필 왕희지는 친구들과 함께 물 위에 술잔을 띄워 술잔이 자기 앞에 오는 동안 시를 읊어야 하며 시를 짓지 못하면 벌로 술 3잔을 마시는 잔치인 유상곡수연(流觴曲水宴)을 하였는데, 포석정은 이를 본떠서 만들었다고 한다.

현재 정자는 없고 풍류를 즐기던 물길만이 남아 있다. 물길은 22m이며 높낮이의 차가 5.9㎝이다. 좌우로 꺾어지거나 굽이치게 한 구조에서 나타나는 물길의 오묘한 흐름은 뱅뱅 돌기도 하고 물의 양이나 띄우는 잔의 형태, 잔 속에 담긴 술의 양에 따라 잔이 흐르는 시간이 일정하지 않다고 한다. 유상곡수연은 중국이나 일본에도 있었으나 오늘날 그 자취가 남아 있는 곳은 경주 포석정이 유일하며 당시 사람들의 풍류와 기상을 엿볼 수 있는 장소다.

그림 4-6　포석정지

자료: 국가유산청

4) 명승

명승은 기념물 중 경치가 좋은 곳으로서 역사적, 학술적, 경관적 가치가 큰 것이다. 명승으로 지정된 자연유산은 크게 자연경관(자연 그 자체로서 심미적 가치가 인정되는 공간), 역사문화경관(자연환경과 사회 · 경제 · 문화적 요인 간의 조화를 보여주는 공간 또는 생활장소), 복합경관(자연의 뛰어난 경치에 인문적 가치가 부여된 공간)으로 구분하는데 자연경관은 거제 해금강, 역사문화경관은 담양 소쇄원, 복합경관은 단양 도담삼봉 등이 유명하다.

(1) 명주 청학동 소금강

원래 이 산의 이름은 청학산이었는데, 산의 모습과 경치가 금강산을 닮았다 하여 율곡 선생이 소금강이라 이름을 지었다고 한다. 1000여 년 전에 통일신라의 마의태자가 생활하였다는 아미산성을 비롯하여 구룡연못, 비봉폭포, 무릉계, 백마봉, 옥류동, 식당암, 만물상, 선녀탕 등이 그림처럼 아름다운 경치를 이루고 있다. 소나무, 굴참나무, 자작나무, 철쭉나무를 포함한 129종의 식물이 자생하고 있는데, 특히 좀고사리의 자생이 주목된다. 산양, 사향노루, 반달곰을 비롯한 멸종위기에 놓인 동물들과 새, 물고기 등이 이곳에서 서식하고 있다. 간혹 까막딱다구리도 찾아볼 수 있으나 오늘날에는 그 보호가 절실히 요구되는 상태다. 오대산 국립공원 안에 포함되는 이 산은 오랜 세월 속에서 자연스럽게 이루어진 경치가 매우 뛰어난 곳이다.

그림 4-7 **명주 청학동 소금강**

자료: 공공누리

5) 천연기념물

천연기념물은 기념물 중 동물(서식지·번식지·도래지 포함), 식물(자생지 포함), 지형·지질, 생물학적 생성물 또는 자연현상, 천연보호구역으로서 역사적, 경관적 또는 학술적 가치가 큰 것이다.

(1) 대구 도동 측백나무 숲

대구 도동 측백나무 숲은 나무의 높이가 5~7m 정도 되는 700여 그루의 나무가 절벽에 자라고 있으며, 측백나무 외에도 소나무, 느티나무, 말채나무 등이 함께 어우러져 있다. 주변의 숲은 사람들이 나무를 베어가서 황폐했으나 측백나무는 절벽의 바위틈에 자라기 때문에 베어지지 않고 그대로 남을 수 있었다. 대구 도동 측백나무 숲은 천연기념물 제1호라는 이유로 많은 관심 있는 숲으로 지정 당시에는 이 지역이 달성에 속해 있어 '달성의 측백수림'으로 불려왔다. 또한 측백나무는 중국에서만 자라는 나무로 알려져 있었는데 우리나라에서도 자라고 있어 식물 분포학상 학술 가치가 높아 천연기념물로 지정되었다. 현재 대구 도동 측백나무 숲의 보호를 위하여 공개 제한 지역으로 지정되어 있어 관리와 학술 목적으로 출입할 때는 국가유산청장의 허가를 받아야 출입할 수 있다.

그림 4-8 **대구 도동 측백나무 숲**

자료: 국가유산청

6) 국가무형유산

국가무형유산 지정기준은 여러 세대에 걸쳐 전승되어 온 무형의 문화적 유산 중 역사적, 학술적, 예술적, 기술적 가치가 있는 것, 지역 또는 한국의 전통문화로서 대표성을 지닌 것, 사회문화적 환경에 대응하여 세대 간의 전승을 통해 그 전형을 유지하고 있는 것 등이다.

(1) 종묘제례악

종묘제례악은 조선시대 역대 왕과 왕비의 신위를 모신 사당(종묘)에서 제사(종묘제례)를 지낼 때 무용과 노래와 악기를 사용하는 연주 음악을 말하며, '종묘악'이라고도 한다. 종묘제례 의식 절차마다 보태평과 정대업이라는 음악을 중심으로 조상의 공덕을 찬양하는 내용의 종묘악장이라는 노래를 부른다. 종묘제례악이 연주되는 동안 문무인 보태평지무(선왕들의 문덕 칭송)와 무무인정대업지무(선왕들의 무공 찬양)가 곁들여진다. 본래 세종 29년(1447) 궁중회례연에 사용하기 위해 창작하였으며 세조 10년(1464) 제사에 적합하게 고친 후 지금까지 전승되고 있다. 매년 5월 첫째 일요일에 봉행하는 종묘대제에서 보태평 11곡과 정대업 11곡이 연주되고 있다.

종묘제례악은 조선시대의 기악 연주와 노래와 춤이 어우러진 궁중음악의 정수로서 우리의 문화적 전통과 특성이 잘 나타나 있으면서도 외국에서는 볼 수 없는 독특한 멋과 아름다움을 지니고 있다. 종묘제례악은 2008년 유네스코 무형문화유산에 등재됐다.

그림 4-9 **종묘제례악**

자료: 국가유산청

7) 국가민속문화유산

국가민속문화유산 지정기준은 한국 민족의 기본적 생활문화의 특색을 나타내는 것으로서 전형적인 것 중 의 · 식 · 주, 생산 · 생업, 교통 · 운수 · 통신, 교역, 사회생활, 신앙, 민속지식, 민속예능 · 오락 · 유희 등으로서 중요한 것 등이다.

(1) 덕온공주 당의

조선시대 제23대 임금 순조(재위 1800~1834)의 셋째 공주인 덕온공주가 입었던 당의이다. 이 옷은 공주의 손녀인 윤백영이 저고리와 노리개, 원삼 등과 함께 아버지인 윤용구에게 물려받은 것으로, 7세 되던 해에 대궐에 입궐하면서 자신 몸에 맞게 고쳐서 입었다고 한다.

당의란 조선시대 궁중과 사대부 여인들이 저고리 위에 입던 예복으로, 모양은 저고리와 비슷하나 앞과 뒤의 길이가 길고 옆이 터져 있는 옷이다. 덕온공주 당의는 자주색 비단에 옷 전체에 금실로 수(壽)와 복(福)이라는 글자를 새겼다. 이 옷은 착용자 신분이 뚜렷하고 연대가 확실한 왕실의 유물로 조선 후기 상류층 복식 제도를 파악할 수 있는 귀중한 자료다.

그림 4-10 **덕온공주 당의**

자료: 국가유산청

제3절 세계유산

① 세계유산 개념

유네스코(UNESCO; 국제연합교육과학문화기구)는 인류 보편적 가치를 지닌 자연유산, 문화유산을 발굴, 보호, 보존하고자 1972년 세계 문화 및 자연유산 보호 협약(Convention Concerning the Protection of the World Cultural and Natural Heritage; 세계유산협약)을 채택했다. 세계유산협약이 규정한 탁월한 보편적 가치를 가진 유산으로서 그 특성에 따라 자연유산, 문화유산, 복합유산으로 분류한다.

설립 배경은 1960년대 이집트 아스완하이댐(Aswan High Dam) 건설로 수몰 위기에 있었던 누비아 유적들(고대 이집트 문명으로 람세스 2세가 세운 아부심벨(Abu Shimbel) 대신전과 소신전, 프톨레마이오스 왕조 시대에 세운 필레 신전 등)을 보호하고자 사업을 시작했다. 1972년 파리에서 개최된 제17회 유네스코 총회에서 '세계문화유산 및 자연유산의 보호에 관한 조약'을 만장일치로 채택했으며, 이 조약의 목적은 보편적인 가치를 가지며, 더없이 소중한 인류 공통의 유산인 문화재와 자연을 파괴로부터 보호하고 다음 세대에 남겨주기 위해서 전 세계 사람들의 국제 협력을 추진했다.

자연재해나 전쟁 등으로 파괴의 위험에 처한 유산의 복구 및 보호 활동 등을 통하여 보편적 인류 유산의 훼손을 근본적으로 방지하고, 문화유산과 자연유산의 보호를 위한 국제적 협력과 국가별 유산 보호 활동을 고무하기 위한 목적으로 '세계유산협약'에 따라 세계 유산 위원회가 인류 전체를 위해 보호되어야 할 현저한 보편적 가치가 있다고 인정하여 UNESCO 세계유산일람표에 등재한 문화재로 문화유산 · 자연유산 · 복합유산으로 분류한다.

세계유산으로 등록되면 국내 · 외로부터의 관광객이 증가하고, 고용 기회와 수입이 늘어날 뿐만 아니라 정부의 추가적인 관심과 지원으로 지역의 계획과 관리를 향상할 수도 있으며, 지역과 국가의 자부심을 고취하고 보호를 위한 책임감이 형성되며 세계유산기금(World Heritage Fund)으로부터 기술적, 재정적 지원을 받는다.

② 세계유산 현황

세계유산은 역사적으로 중요한 가치를 가지고 있는 문화유산, 지구의 역사를 잘 나타내고 있는 자연유산, 복합유산으로 구분하는데 2022년 현재 1,139점이 세계유산으로 지정되었으며, 문화유산 881점, 자연유산 220점, 복합유산 38점으로 등재되어 있다.

세계유산협약 가입국은 약 190개며, 위험에 처한 세계유산목록에도 55점이 등재되어 있어 지속적인 관리가 필요하다. 우리나라 세계유산은 총 16점으로, 해인사 장경판전 (1995), 종묘(1995), 석굴암과 불국사(1995), 창덕궁(1997), 화성(1997), 고창, 화순, 강화의 고인돌 유적(2000), 경주역사유적지구(2000), 제주 화산섬과 용암동굴(2007), 조선 왕릉(2009), 한국의 역사마을: 하회와 양동(2010), 남한산성(2014), 백제역사유적지구(2015), 산사, 한국의 산지 승원(2018), 한국의 서원(2019), 한국의 갯벌(2021), 가야고분군(2023) 등이다.

③ 등재 기준

세계유산 등재 기준의 기본 원칙은 완전성, 진정성, 탁월한 보편적 가치 내재 여부 판단과 적절한 보존관리 계획 수립 및 시행 여부다. 세계유산은 '탁월한 보편적 가치'(OUV; Outstanding Universal Value)를 가지고 있는 부동산 유산을 대상으로 한다. 따라서 세계유산 지역 내에 소재한 박물관에 보관한 조각상, 공예품, 회화 등 동산 문화재나 식물, 동물 등은 세계유산의 보호 대상에 포함되지 않는다. 어떤 유산이 세계유산으로 등재되기 위해서는 한 나라에 머물지 않고 탁월한 보편적 가치가 있어야 한다. 세계유산 운영지침은 유산의 탁월한 가치를 평가하기 위한 기준으로 다음 10가지 가치 평가 기준을 제시하고 있다. 기준 Ⅰ부터 Ⅵ까지는 문화유산, Ⅶ부터 Ⅹ까지는 자연유산에 해당한다. 이러한 가치 평가기준 이외에도 문화유산은 기본적으로 재질이나 기법 등에서 유산이 진정성(authenticity)을 보유하고 있어야 한다. 또한, 문화유산과 자연유산 모두 유산의 가치를 보여줄 수 있는 제반 요소를 포함해야 하며, 법적, 제도적 관리 정책이 수립되어 있어야 세계유산으로 등재할 수 있다.

표 4-4 세계유산 등재 기준

구분		기준	사례
문화유산	I	인간의 창의성으로 빚어진 걸작을 대표할 것	호주 오페라 하우스
	II	오랜 세월에 걸쳐 또는 세계의 일정 문화권 내에서 건축이나 기술 발전, 기념물 제작, 도시계획이나 조경 디자인에 있어 인간 가치의 중요한 교환을 반영	러시아 콜로멘스코이성당
	III	현존하거나 이미 사라진 문화적 전통이나 문명의 독보적 또는 적어도 특출한 증거일 것	태국 아유타야 유적
	IV	인류 역사에 있어 중요 단계를 예승하는 건물, 건축이나 기술의 총체, 경관 유형의 대표적 사례일 것	종묘
	V	특히 번복할 수 없는 변화의 영향으로 취약해졌을 때 환경이나 인간의 상호 작용이나 문화를 대변하는 전통적 정주지나 육지*바다의 사용을 예증하는 대표 사례	리비아 가다메스 옛 도시
	VI	사건이나 실존하는 전통, 사상이나 신조, 보편적 중요성이 탁월한 예술 및 문학작품과 직접 또는 가시적으로 연관될 것(다른 기준과 함께 적용 권장)	일본 히로시마 원폭돔
	* 모든 문화유산은 진정성(authenticity; 재질, 기법 등에서 원래 가치 보유) 필요		
자연유산	VII	최상의 자연현상이나 뛰어난 자연미와 미학적 중요성을 지닌 지역을 포함할 것	제주 용암동굴·화산섬
	VIII	생명의 기록이나, 지형 발전상의 지질학적 주요 진행 과정, 지형학이나 자연 지리학적 측면의 중요 특징을 포함해 지구 역사상 주요 단계를 입증하는 대표적 사례	제주 용암동굴·화산섬
	IX	육상, 민물, 해안 및 해양생태계와 동·식물 군락의 진화 및 발전에 있어 생태학적, 생물학적 주요 진행 과정을 입증하는 대표적 사례일 것	케냐 국립공원
	X	과학이나 보존 관점에서 볼 때 보편적 가치가 탁월하고 현재 멸종 위기에 처한 종을 포함한 생물학적 다양성의 현장 보존을 위해 가장 중요하고 의미가 큰 자연 서식지를 포괄	중국 쓰촨성 자이언트팬더 보호구역
공통	완전성(integrity) : 유산의 가치를 충분히 보여줄 수 있는 충분한 제반 요소 보유		
	보호 및 관리체계 : 법적, 행정적 보호 제도, 완충지역(buffer zone) 설정 등		

자료: 유네스코와 유산(https://heritage.unesco.or.kr)

④ 우리나라 세계유산

1) 가야고분군(2023)

가야고분군은 1~6세기에 걸쳐 한반도 남부에 존재했던 가야의 7개 고분군으로 이루어진 연속유산이다. 대성동고분군, 말이산고분군, 옥전고분군, 지산동고분군, 송학동고분군, 유곡리와 두락리고분군, 교동과 송현동고분군으로 구성된 7개 고분군은 한반도 남부의 해안과 내륙 각 정치체 중심지의 가시성이 뛰어난 구릉지에 오랜 기간 군집 조성된 최상위 지배층의 고분군으로 가야 연맹을 구성했던 각 정치체제의 존재를 보여준다.

등재기준은 (iii) 연맹이라는 독특한 정치체계를 유지하면서 주변의 중앙집권적 고대국가와 병존하였던 가야의 문명을 실증하는 독보적인 증거로, 동아시아 고대 문명의 한 유형을 보여주는 중요한 유적이다.

그림 4-11 **가야고분군**

자료: 국가유산포털(heritage.go.kr)

2) 한국의 갯벌(2021)

한국의 갯벌은 황해의 동쪽이자 대한민국의 서남해안에 위치하며, 서천갯벌, 고창갯벌, 신안갯벌, 보성–순천갯벌 등 4개로 이루어져 있다. 지구 생물다양성의 보전을 위해 전 지구적으로 가장 중요하고 의미 있는 서식지 중 하나며, 특히, 동아시아–대양주 철새이동경로(EAAF)의 국제적 멸종위기 이동성 물새의 중간기착지로서 국제적 중요성을 가진다.

등재 기준은 (x) 매년 약 5천만 마리의 물새가 EAAF(동아시아–대양주 철새이동경로)를 이용하며 이 중 대부분이 황해의 갯벌에 의존하여 북쪽으로는 시베리아와 알래스카에 이르는 동아시아 지역의 번식지에서부터 남쪽으로는 오스트랄라시아에 이르는 월동지까지 이동한다. EAAF는 22개 국가를 아우르는 이동경로로 세계의 8대 철새 이동경로 중 가장 많은 새들이 이용하는 경로이며, 가장 많은 멸종위기의 이동성 물새와 가장 다양한 종류의 철새들을 보유하고 있다.

지구 생물다양성의 보존을 위해 세계적으로 가장 중요하고 의미 있는 서식지 중 하나이며, 특히, 멸종위기 철새의 기착지로서 가치가 크므로 '탁월한 보편적 가치'(Outstanding Universal Value, OUV)가 인정된다.

그림 4-12 한국의 갯벌

자료: 유네스코한국위원회(https://heritage.unesco.or.kr)

3) 한국의 서원(2019)

한국의 서원은 조선시대 성리학 교육 시설의 한 유형으로, 16세기 중반부터 17세기 중반에까지 향촌 지식인인 사림에 의해 건립되었다. 이 유산은 교육을 기초로 형성된 성리학에 기반한 한국 사회 문화 전통의 특출한 증거다. 이 유산은 동아시아 성리학 교육기관의 한 유형인 서원의 한국적 특성을 나타낸다.

등재 기준은 (iii) 조선시대 교육 및 사회적 활동에서 널리 보편화되었던 성리학의 탁월한 증거다. 이 유산은 16세기 중반부터 17세기 중반 사이에 건립되었으며, 교육을 기초로 형성된 독특한 역사 전통과 성리학의 가치를 나타낸다. 향촌 지식인들은 이 유산을 통해 성리학 교육을 적절하게 수행하기 위한 교육 체계와 건축물을 창조하였으며, 전국에 걸쳐 성리학이 전파되는 데 이바지했다. 영주 소수서원, 경주 옥산서원, 안동 도산서원, 안동 병산서원, 장성 필암서원, 달성 도동서원, 정읍 무성서원, 논산 돈암서원, 함양 남계서원 등 9곳으로 전국에 걸쳐 분포하고 있다.

그림 4-13 **한국의 서원**

4) 산사, 한국의 산지 승원(2018)

산사, 한국의 산지 승원은 오늘날까지 유형과 무형의 문화적 전통을 지속하고 있는 살아 있는 불교 유산이다. 산사를 구성하는 7개 사찰(통도사, 부석사, 봉정사, 법주사, 마곡사, 선암사, 대흥사)은 모두 불교 신앙을 바탕으로 하여 종교 활동, 의례, 강학, 수행을 계속 이어왔으며 다양한 토착 신앙을 포용하고 있다. 산사의 승가공동체는 선수행 전통을 신앙적으로 계승하여 동안거와 하안거를 수행하고 승가공동체를 지속하기 위한 울력을 수행의 한 부분으로 여겨 오늘날까지도 차밭과 채소밭을 가꾸고 있다.

등재 기준은 (iii) 오늘날까지 불교 출가자와 신자의 수행과 신앙, 생활이 이루어지는 종합적인 승원이다. 불교의 종교적 가치가 구현된 공간 구성의 진정성을 보존하며 승가공동체의 종교 활동이 이어져 온 성역으로서 특출한 증거다.

그림 4-14 한국의 산지 승원

자료: 유네스코한국위원회(https://heritage.unesco.or.kr)

5) 백제역사유적지구(2015)

대한민국 중서부 산지에 있는 백제의 옛 수도였던 3개 도시에 남아 있는 유적은 이웃한 지역과의 빈번한 교류를 통하여 문화적 전성기를 구가하였던 고대 백제 왕국의 후기 시대를 대표한다. 백제는 기원전 18년에 건국되어 660년에 멸망할 때까지 700년 동안 존속했던 고대 왕국으로, 한반도에서 형성된 초기 삼국 중 하나였다. 백제역사유적지구는 공주시, 부여군, 익산시 3개 지역에 분포된 8개 고고학 유적지로 이루어져 있다. 공주 웅진성과 연관된 공산성과 송산리 고분군, 부여 사비성과 관련된 관북리 왕궁지와 부소산성, 정림사지, 능산리 고분군, 부여 나성, 사비시대 백제의 두 번째 수도였던 익산시 지역의 왕궁리 유적, 미륵사지 등으로, 이들 유적은 475~660년 사이 백제 왕국의 역사를 보여주고 있다. 백제역사유적은 중국의 도시계획 원칙, 건축 기술, 예술, 종교를 수용하여 백제화한 증거를 보여주며, 이러한 발전을 통해 이룩한 세련된 백제의 문화를 일본 및 동아시아로 전파한 사실을 증언하고 있다.

등재 기준은 (ii) 백제역사유적지구의 고고학 유적과 건축물은 한국, 중국, 일본의 고대 왕국들 사이에 있었던 상호교류를 통해 이룩된 백제 건축 기술의 발전과 불교 확산에 대한 증거와 (iii) 백제역사유적지구에서 볼 수 있는 수도의 입지, 불교 사찰과 고분, 건축학적 특징과 석탑 등은 백제 왕국의 고유한 문화, 종교, 예술미를 보여주는 탁월한 증거다.

그림 4-15 백제역사유적지구

자료: 한국관광공사

6) 남한산성(2014)

서울에서 남동쪽으로 25km 떨어진 경기도 성남시, 광주시, 하남시 일원 산지에 축성된 남한산성은 조선시대(1392~1910)에 유사시를 대비하여 임시 수도로서 역할을 담당하도록 건설된 산성이다. 남한산성의 초기 유적에는 7세기의 것도 있지만 이후 여러 번 축성되었으며 그중에서도 특히 17세기 초, 중국 만주족이 건설한 청나라의 위협에 맞서기 위해 여러 차례 개축되었다.

등재 기준은 (ii) 남한산성의 산성 체계는 17세기 극동에서 발달한 방어적 군사 공학 기술의 총체를 구현하고 있다. 중국과 한국의 성제를 재검토한 결과이자 서구로부터 유입된 새로운 화기의 위협을 방어하기 위해 축성된 산성이다. 한국의 산성 설계에 있어 중요한 분기점을 이루었으며 축성된 이후에는 한국의 산성 건설에 계속해서 영향을 미쳤다. (iv) 남한산성은 요새화된 도시를 보여주는 탁월한 사례로 17세기 조선시대에 비상시 임시 수도의 기능을 하도록 계획하고 건설된 남한산성은 이전부터 존경받아온 전통인 승군에 의해 축성되었으며 산성의 방어 역시 승군이 담당하였다.

그림 4-16 **남한산성**

자료: 경기도 광주시

7) 한국의 역사마을: 하회와 양동(2010)

14~15세기에 조성된 하회(河回)마을과 양동(良洞)마을은 한국을 대표하는 역사적인 씨족 마을이다. 숲이 우거진 산을 뒤로 하고, 강과 탁 트인 농경지를 바라보는 마을의 입지와 배치는 조선시대(1392~1919) 초기의 유교적 양반 문화를 잘 반영하고 있다. 옛 마을은 주변 경관으로부터 물질적, 정신적 자양분을 함께 얻을 수 있는 곳에 자리하고 있다. 마을

에는 종가와 양반들의 기거했던 목조 가옥, 정자와 정사, 서원과 사당, 옛 평민들이 살던 흙집과 초가집 등이 있다.

등재 기준은 (iii) 하회마을과 양동마을은 대표적인 씨족 마을의 예로서 조선시대 초기의 특징인 촌락의 형태를 유지하고 있다. 마을의 입지, 배치, 가옥의 전통에서 두 마을은 500여 년 동안 엄격한 유교의 이상을 따라 촌락이 형성되었던 조선시대 유교 문화를 가장 잘 보여준다. (iv) 두 마을은 한반도의 발전에 가장 큰 영향을 끼친 조선왕조의 영향이 반영돼 있다. 특히 양반과 평민 가옥들의 전체적인 배치와 개별적 배치의 조화는 조선왕조의 힘과 영향력이 문학과 철학적 전통뿐만 아니라 사회 구조와 문화적 전통에도 배어 있음을 의미한다.

그림 4-17 양동마을

8) 조선왕릉(2009)

조선왕릉은 18개 지역에 흩어져 있고 총 40기에 달한다. 1408년부터 1966년까지 5세기에 걸쳐 만들어진 왕릉은 선조와 그 업적을 기리고 존경을 표하며, 왕실의 권위를 다지는 한편 선조의 넋을 사기(邪氣)로부터 보호하고 능묘의 훼손을 막는 역할을 했다. 왕릉은 뛰어난 자연경관 속에 자리 잡고 있으며, 보통 남쪽에 물이 있고 뒤로는 언덕에 의해 보호되는 배산임수(背山臨水)의 터며, 멀리 산들로 둘러싸인 이상적인 자리를 선택해 마련되었다. 왕릉에는 매장지만 있는 것이 아니라 의례를 위한 장소와 출입문도 있다. 봉분뿐만 아니라 T자형의 목조 제실, 비각, 왕실 주방, 수호군(守護軍)의 집, 홍살문, 무덤지기인 보인(保人)의 집을 포함한 필수적인 부속 건물이 있다. 왕릉 주변은 다양한 인물과 동물을 조각한 석물로 장식되어 있다. 조선왕릉은 5000년에 걸친 한반도 왕실 무덤 건축의 완성이다.

등재 기준은 (ⅲ) 유교 문화의 맥락에서 조선왕릉은 자연과 우주와의 통일이라는 독특하고 의미 있는 장례 전통에 입각해 있다. 풍수지리의 원리를 적용하고 자연경관을 유지함으로써 제례를 위한 기억에 남을 만한 경건한 장소가 창조되었다. (ⅳ) 건축의 조화로운 총체를 보여주는 탁월한 사례로, 한국과 동아시아 무덤 발전의 중요한 단계를 보여준다. 왕릉은 특별하고 규범화된 건축물, 구조물 요소들의 배치를 보여준다. 몇 세기에 걸친 전통을 표현하는 동시에 보강하고 미리 정해진 일련의 예식을 통한 제례의 생생한 실천을 보여준다. (ⅵ) 규범화된 의식을 통한 제례의 살아 있는 전통과 직접적인 관련이 있다. 조선시대 국가의 제사는 정기적으로 행해졌으며, 지난 세기의 정치적 혼란기를 제외하고 오늘날까지 왕실과 제례 단체가 매년 행사를 진행하고 있다.

그림 4-18 **조선왕릉**

9) 제주 화산섬과 용암동굴(2007)

제주 화산섬과 용암동굴은 천장과 바닥이 다양한 색의 탄산염 동굴생성물로 이루어지고 어두운 용암 벽으로 둘러싸여 세계에서 가장 아름다운 동굴계로 손꼽히는 거문오름용암 동굴계, 바다에서 솟아올라 극적인 장관을 연출하는 요새 모양의 성산일출봉 응회구(tuff cone), 폭포와 다양한 모양의 암석, 물이 고인 분화구가 있는 한국에서 가장 높은 한라산의 세 구역으로 구성된다. 빼어난 아름다움을 자랑하는 이 유산은 지질학적 특성과 발전 과정 등 지구의 역사를 잘 보여준다.

등재 기준은 (vii) 전 세계에서 이와 유사한 동굴계 중 가장 우수한 것으로 평가되는 거문오름용암 동굴계는 이런 종류의 용암동굴을 이미 본 적 있는 사람조차 빼어난 시각적 효과에 감탄한다. 동굴 천장과 바닥에는 형형색색의 탄산염 생성물이 장식되어 있으며, 탄산염 침전물은 어두운 용암 벽에 벽화를 그린 것처럼 군데군데 덮여 있어 독특한 볼거리를 연출한다. 요새 형태의 성산일출봉 응회암은 벽면이 바다 밖으로 솟아 나와 경관이 극적이며 계절에 따라 색과 모습이 달라지는 한라산은 폭포, 갖가지 모양으로 형성된 암석, 주상절리 절벽, 분화구에 호수가 있는 우뚝 솟은 정상 등이 경관과 미적 매력을 더해준다. (viii) 제주도는 세계에서 보기 드물게 움직이지 않는 대륙 지각판 위 열점(熱點, hot spot)에 생성된 대규모 순상 화산으로 특별한 가치를 지닌다. 거문오름용암 동굴계는 전 세계적으로 보호받는 용암 동굴계 중 가장 인상적이고 중요한 동굴로 동굴 생성물이 다양한 형태로 장관을 이루며 늘어서 있다. 이는 다른 용암 동굴 안에서는 흔히 볼 수 없는 종유석같이 부수적으로 생겨난 탄산염 동굴 생성물이다. 성산일출봉 응회암은 구조적인 특성과 퇴적 특성이 드러나는 이례적인 곳으로서 얕은 바다에서 수중 폭발한 서치형(Surtseyan-type) 화산 폭발 과정을 알 수 있어 세계적으로 가치를 평가받는다.

그림 4-19 **성산일출봉**

10) 고창, 화순, 강화의 고인돌 유적(2000)

한국의 고인돌은 거대한 바위를 이용해 만들어진 선사시대 거석기념물로 무덤의 일종이며, 고창, 화순, 강화 세 지역에 분포하고 있다. 한 지역에 수백 기 이상의 고인돌이 집중적으로 분포하고 있으며, 형식의 다양성과 밀집도 면에서 세계적으로 유례를 찾기 어렵다. 이 세 지역의 고인돌은 고인돌 문화의 형성과정과 함께 한국 청동기시대의 사회 구조 및 동북아시아 선사시대의 문화 교류를 연구하는 데 매우 중요한 유산이다.

등재 기준은 (iii) 고창, 화순, 강화의 고인돌 유적은 약 3000년 전에 만들어진 것으로 장례와 제례를 위한 거석문화 유산이다. 이 세 지역의 고인돌은 세계의 다른 어떤 유적보다 선사시대의 기술과 사회상을 생생하게 보여준다.

그림 4-20 **강화 고인돌**

11) 경주역사유적지구(2000)

경주역사유적지구는 조각, 탑, 사지, 궁궐지, 왕릉, 산성을 비롯해 신라시대 여러 뛰어난 불교 유적과 생활 유적이 집중적으로 분포되어 있다. 특히 7세기부터 10세기 사이의 유적이 많으며 이들 유적을 통해 신라 고유의 탁월한 예술성을 확인할 수 있다. 경주는 신라 수도로 신라 1000년 역사를 간직하고 있으며, 신라인의 생활문화와 예술 감각을 잘 보여주는 곳이다. 경주역사유적지구는 총 5개 지구로 이루어져 있는데 다양한 불교 유적을 포함하고 있는 남산지구, 옛 왕궁터였던 월성지구, 많은 고분이 모여 있는 대릉원지구, 불교 사찰 유적지인 황룡사지구, 방어용 산성이 위치한 산성지구가 해당한다.

등재 기준은 (ⅱ) 경주역사유적지구에는 불교 건축, 생활문화와 관련된 뛰어난 기념물과 유적지가 다수 분포해 있다. (ⅲ) 신라 왕실의 역사는 1000년에 이르며, 남산을 비롯해 수도 경주와 그 인근 지역에서 발견된 유물과 유적은 신라 문화의 탁월함을 보여준다.

그림 4-21 **경주역사유적지구**

자료: 국가유산청

12) 화성(1997)

화성(華城)은 경기도 수원에 있는 조선시대 성곽이다. 정조(正祖)가 부친인 장헌세자의 묘를 옮기면서 읍치소를 이전하고 주민을 이주시킬 수 있는 신도시를 건설하기 위해 방어 목적으로 조성하였다. 1794년 2월에 착공하여 2년 반에 걸친 공사 후 완공되었다. 성곽 전체 길이는 5.74km이며, 높이 4~6m의 성벽이 130ha의 면적을 에워싸고 있다. 처음부터 계획되어 신축된 성곽이라는 점, 거주지로서의 읍성과 방어용 산성을 합하여 하나의 성곽도시로 만들었다는 점, 전통적인 축성 기법에 동양과 서양의 새로운 과학적 지식과 기술을 적극적으로 활용하였다는 점, 그 이전의 우리나라 성곽에 흔치 않았던 다양한 방어용 시설이 많이 첨가되었다는 점, 주변 지형에 따라 자연스러운 형태로 조성해 독특한 아름다움을 보여준다는 점 등의 특징이 있다.

등재 기준은 (ⅱ) 화성은 그 이전 시대에 조성된 우리나라 성곽과 구별되는 새로운 양식의 성곽이다. 기존 성곽의 문제점을 개선하였을 뿐만 아니라 외국의 사례를 참고해 포루, 공심돈 등 새로운 방어 시설을 도입하고 이를 우리의 군사적 환경과 지형에 맞게 설치했다. 특히 이 시기에 발달한 실학사상은 화성의 축조에 큰 영향을 끼쳤다. 실학자들은 우리나라와 중국, 일본, 유럽의 성곽을 연구하고 우리나라에 가장 적합한 독특한 성곽의 양식을 결정했다. 화성 축조에 사용된 새로운 장비와 재료의 발달은 동서양 과학기술의 교류를 보여주는 중요한 증거다. (ⅲ) 화성은 분지로 이루어진 터를 둘러싸고 산마루에 축조된 기존의 우리나라 성곽과는 달리 평탄하고 넓은 땅에 조성됐다. 전통적인 성곽 축조 기법을 전승하면서 군사, 행정, 상업적 기능을 담당하는 신도시의 구조를 갖추고 있다. 18세기 조선 사회의 상업적 번영과 급속한 사회 변화, 기술 발달을 보여주는 새로운 양식의 성곽이다.

그림 4-22 팔달문

자료: 유네스코한국위원회(https://heritage.unesco.or.kr)

13) 창덕궁(1997)

창덕궁(昌德宮)은 서울시 종로구에 위치한 조선시대 궁궐이다. 건축과 조경이 잘 조화된 종합 환경디자인 사례이면서 동시에 한국적인 공간 분위기를 읽게 하는 중요한 문화유산이다. 15세기 초에 정궁인 경복궁 동쪽에 이궁으로 조성되었으며, 그에 따라 애초의 건립 목적이나 도성 내에 자리한 입지도 경복궁과 차이가 있었다.

창덕궁이 자리한 곳은 언덕 지형으로 평탄한 곳이 많지 않다. 풍수지리 사상에 따라 이러한 불규칙한 지형 지세를 이용해 궁궐 건물을 경내 남쪽에 배치하고, 북쪽 넓은 구릉에는 비원이라고도 불리는 후원을 조성하였다. 자연 지형을 이용해 건물을 세운 까닭에 궁궐 건축의 전형적인 격식에서 벗어나 주변 환경과 뛰어난 조화를 이루는 특색을 지녔다.

창덕궁은 경복궁의 이궁으로 조선 전기의 약 200년 동안 왕의 통치 공간으로 사용되었으나 16세기 말 임진왜란으로 소실되었고, 소실된 도성 내 궁궐 중 가장 먼저 중건되며 이후 약 250년 동안 조선왕조의 정궁 역할을 했다. 건축사에 있어 조선시대 궁궐의 한 전형을 보여주며, 후원의 조경은 우리나라의 대표적인 왕실 정원으로서 가치가 높다.

등재 기준은 (ⅱ) 창덕궁은 유교 예제에 입각한 궁궐 건축의 기본 양식을 따르면서도 건물의 배치나 진입 방식에서는 우리나라 궁궐 건축의 다양한 특성을 보여준다. 궁궐의 정문인 돈화문은 서남쪽 모퉁이에 위치하며, 정문의 진입로에서 직각으로 두 차례 방향을 틀어야 정전에 도달할 수 있는 구조이다. 지형 지세에 따라 조성된 이러한 진입로의 배치는 남북 방향의 일직선 중심축을 따르는 경복궁이나 중국의 궁궐과는 차이가 있다. 건물과 주변 환경이 잘 조화된 창덕궁의 궁궐 배치는 우리나라와 중국의 궁궐 건축 양식의 상호교류를 통해 이루어졌으며, 우리나라 궁궐 건축의 창의성을 보여준다. (ⅲ) 창덕궁은 전통 풍수지리 사상과 조선왕조가 정치적 이념으로 삼은 유교가 적절히 조화된 대표적인 건축물이다. 전통 풍수에 따라 선정된 입지와 유교 이념에 따라 상징적, 기능적으로 배치된 창덕궁의 건물들은 조선시대 고유의 독특한 유교적 세계관을 보여준다. (ⅳ) 창덕궁은 원래의 자연 지형을 존중하기 위해 궁궐 건축의 전통을 이탈하지 않으면서도 창조적 변형을 가해서 지어졌다는 점에서 탁월하다. 자연적인 산세와 지형을 그대로 살리기 위해 정형성을 벗어나 자유롭게 건물을 배치해 건축과 조경을 하나의 환경적 전체로 통일시킨 훌륭한 사례다.

그림 4-23 창덕궁 인정전

14) 석굴암과 불국사(1995)

석굴암(石窟庵)과 불국사(佛國寺)는 신라시대에 만들어진 고대 불교 유적이다. 석굴암은 불상을 모신 석굴이며, 불국사는 사찰 건축물이다. 두 유산은 모두 경주시 동남쪽의 토함산(吐含山)에 있으며, 약간의 거리를 두고 있다. 두 유산은 8세기 후반에 같은 인물이 계획해 조영하였으며 비슷한 시기에 완공되었다. 석굴암은 화강암을 이용해 인위적으로 쌓아 만든 석굴로 원형의 주실 중앙에 본존불을 안치하고 그 주위 벽면에 보살상, 나한상, 신장상 등을 조화롭게 배치하였다. 불국사는 인공적으로 쌓은 석조 기단 위에 지은 목조 건축물로 고대 불교 건축의 정수를 보여준다. 특히 석굴암 조각과 불국사의 석조 기단 및 두 개의 석탑은 동북아시아 고대 불교예술의 최고 걸작 중 하나로 꼽힌다.

등재 기준은 (i) 석굴암과 불국사는 신라인들의 창조적 예술 감각과 뛰어난 기술로 조영한 불교 건축과 조각으로 경주 토함산의 아름다운 자연환경과 어우러져, 한국 고대 불교예술의 정수를 보여주는 걸작이다. (iv) 석굴암과 불국사는 8세기 전후의 통일신라 시대 불교문화를 대표하는 건축과 조각으로, 석굴암은 인공으로 축조된 석굴과 불상 조각에 나타난 뛰어난 기술과 예술성, 불국사는 석조 기단과 목조건축이 잘 조화된 고대 한국 사찰 건축의 특출한 예로서 그 가치가 두드러진다.

그림 4-24 불국사

15) 종묘(1995)

종묘(宗廟)는 조선시대 역대 왕과 왕비의 신위를 봉안한 사당이다. 왕이 국가와 백성의 안위를 기원하기 위해 문무백관과 함께 정기적으로 제사에 참여한 공간으로 왕실의 상징성과 정통성을 보여준다. 동아시아의 유교적 왕실 제례 건축으로서 공간계획 방식이 매우 독특하고 그 보존 상태가 우수하다. 14세기 말에 창건되어 유지되다가 임진왜란 때 소실된 것을 17세기 초에 중건하였고 이후에도 필요에 따라 증축되어 현재의 모습을 갖추었다.

등재 기준은 (ⅳ) 종묘는 유교 예제에 따라 왕과 왕비의 신위를 모시고 제사를 지내는 국가 기반 시설이다. 한국인의 전통적인 가치관과 유교 조상 숭배관이 독특하게 결합한 한국 사묘 건축 유형에 속한다. 죽은 자들을 위한 혼령의 세계를 조영한 건축답게 건물의 배치, 공간 구성, 건축 형식과 재료에서 절제, 단아함, 신성함, 엄숙함, 영속성을 느낄 수 있다. 건축물과 함께 제사, 음악, 무용, 음식 등 무형유산이 함께 보존되고 있으며 오늘날까지 정기적으로 제례가 행해진다는 점에서 종묘의 문화유산 가치는 더욱 높아진다.

그림 4-25 종묘

16) 해인사 장경판전(1995)

경상남도 합천군 가야산에 있는 해인사(海印寺) 장경판전(藏經板殿)은 13세기에 제작된 팔만대장경(八萬大藏經)을 봉안하기 위해 지어진 목판 보관용 건축물이다. 주불전 뒤 언덕 위에 세워진 단층 목조 건물로 15세기에 건립된 것으로 추정된다. 처음부터 대장경을 보관하기 위한 건물로 지어졌고 창건 당시의 원형이 그대로 보존되어 있다. 대장경 자체도 인류의 중요한 기록유산이지만 판전 또한 매우 아름답고 건축사적 가치가 높은 유산이다. 장경판전은 두 개의 긴 중심 건물 사이에 작은 두 개의 건물이 하나의 마당을 가운데 두고 마주 보도록 배치되어 있다. 건물 자체는 장식적 의장이 적어 간결, 소박하며 조선 초기의 목구조 형식을 보여준다.

등재 기준은 (ⅳ) 15세기에 건립되었으며 대장경 목판 보관을 목적으로 지어진 세계에서 유일한 건축물이다. 효과적인 건물 배치와 창호 계획을 고려하는 동시에 경험을 통해 얻은 다양한 방식을 활용함으로써 대장경판을 오랜 기간 효과적으로 보존하는 데 필요한 자연 통풍과 적절한 온도와 습도 조절이 가능한 구조를 갖추었다. 건물 안에 있는 판가 역시 실내 온도와 습도가 균일하게 유지되도록 배열되어 있으며, 이러한 과학적 방법은 600년이 넘도록 변형되지 않고 온전하게 보관되어 대장경판의 보존 상태에서 그 효과가 입증된다. (vi) 고려시대 국가사업으로 제작된 팔만대장경은 그 내용의 완전성과 정확성, 판각기술의 예술성과 기술성의 관점에서 볼 때 전 세계 불교 역사에서 독보적인 위치를 갖는다. 장경판전은 팔만대장경과 연관해 이해해야 하며 건축적, 과학적 측면에서 목판의 장기적 보존을 위해 15세기에 고안된 탁월한 유산으로 평가된다.

그림 4-26 **해인사 장경판전**

자료: 유네스코한국위원회(https://heritage.unesco.or.kr)

제4절 무형문화유산

① 무형문화유산 개념

유네스코는 1997년 제29차 총회에서 산업화와 지구화 과정에서 급격히 소멸하고 있는 무형문화유산을 보호하고자 '인류 구전 및 무형유산 걸작 제도'를 채택했다. 이후, 2001년, 2003년, 2005년 모두 3차례에 걸쳐 70개국 90건을 인류 구전 및 무형유산 걸작으로 지정했다. 무형문화유산의 중요성에 대한 국제사회의 인식이 커지면서 2003년 유네스코 총회는 무형문화유산 보호 협약을 채택했다. 국제사회의 문화유산 보호 활동이 건축물 위주의 유형문화재에서 눈에 보이지 않지만 살아 있는 유산(living heritage), 즉 무형문화유산의 가치를 새롭게 인식하고 확대하였음을 국제적으로 공인하는 이정표가 되었다.

② 무형문화유산 현황

무형문화유산은 긴급보호목록, 인류무형문화유산 대표목록, 모범사례목록으로 분류하고 등재한다. 2009년 처음으로 긴급한 보호가 필요한 무형문화유산 목록에 등재된 무형유산은 2020년 기준으로 35개국 67건이다. 인류무형문화유산 대표목록에 등재된 무형유산은 2022년 기준 677건에 이른다. 우리나라는 대표목록 총 22건이다. 종묘제례 및 종묘제례악(2001), 판소리(2003), 강릉단오제(2005), 강강술래(2009), 남사당(2009), 영산재(2009), 제주칠머리당영등굿(2009), 처용무(2009), 가곡, 국악 관현 반주로 부르는 서정적 노래(2010), 대목장, 한국의 전통 목조건축(2010), 매사냥, 살아 있는 인류 유산(2010), 줄타기(2011), 택견, 한국의 전통무술(2011), 한산모시짜기(2011), 아리랑, 한국의 서정 민요(2012), 김장, 김치를 담그고 나누는 문화(2013), 농악(2014), 줄다리기(2015년), 제주해녀문화(2016), 씨름(2018), 연등회, 한국의 등 축제(2020), 한국의 탈춤(2022) 등이다.

표 4-5 우리나라 무형문화유산 현황

명칭	내용
한국의 탈춤	한국 탈춤은 고구려 고분벽화에도 묘사되어 있을 정도로 오랜 역사지만, 현재와 같은 형식과 내용의 탈춤은 18세기 중반 무렵 성립된 것으로 보인다. 이 시기에 탈춤은 제의적 성격을 덜어내고 18세기 이전까지 존재하던 잡기 수준의 탈춤을 혁신적으로 개작해 연극적인 형식과 내용을 갖춘 사회 풍자 희극으로서의 면모를 갖췄다. 탈춤은 형식적으로는 대사와 노래, 춤, 연기가 어우러진 연극이지만 그중에서도 특히 신나는 춤과 노래가 한국 탈춤의 특징인 흥과 신명을 조성하는 데 중요한 역할을 한다. 조선 후기 사회에서 문제가 되던 여러 부조리를 풍자한다는 점도 탈춤의 주요한 특징이다. 양반을 풍자한 '유희(儒戲)', 파계승을 풍자한 '만석중춤', 그리고 처첩 간 삼각관계를 다룬 '영감과 할미춤' 등 기존에 따로 존재하던 내용들이 결합해 하나의 탈춤으로 구성됐다. 이처럼 독립된 여러 내용이 모여 하나의 공연을 구성하는 '옴니버스 스타일'도 한국 탈춤의 특징이다.
연등회, 한국의 등 축제	해마다 음력 4월 8일 부처님의 탄생을 축하하는 의식으로 연등회가 열리는데 아기 부처상을 목욕시키는 관불(灌佛) 의식에서부터 시작한다. 그런 다음 연등을 손에 든 대규모 인파의 행렬이 이어지고, 이후 참가자들은 단체 게임에서 절정에 이르는 전통놀이를 하기 위해 모인다.
씨름, 한국의 전통 레슬링	씨름은 2명의 선수가 서로 맞서서 힘과 기량을 겨루는 역동적인 경기이다. 씨름의 가장 큰 매력은 배지기, 밀어치기, 차돌리기 등 다양한 기술이 순식간에 펼쳐지는 스릴에 있다. 체구가 작은 선수가 자신보다 훨씬 큰 상대 선수를 둘러메칠 때는 '다윗과 골리앗'의 싸움을 연상하게 만들면서 관중을 흥분의 도가니에 빠지게 한다. 중요한 전통 명절마다 열리는 씨름 대회는 한국의 전통 운동과 한국문화의 정체성을 상징하기도 한다.
제주해녀문화	제주도의 여성 공동체에는 최고령이 80대에 이르는 여성들이 생계를 위해 산소마스크를 착용하지 않고 수심 10m까지 잠수하여 전복이나 성게 등 조개류를 채취하는 해녀(海女)가 있다. 바다와 해산물에 대해서 잘 아는 제주 해녀들은 한번 잠수할 때마다 1분간 숨을 참으며 하루에 최대 7시간까지, 연간 90일 정도 물질을 한다.
줄다리기	풍농을 기원하고 공동체 구성원 간의 화합과 단결을 위하여 동아시아나 동남아시아 벼농사 문화권에서 널리 연행된다. 공동체 구성원들은 줄다리기를 연행함으로써 사회적 결속과 연대감을 도모하고 새로운 농경 주기가 시작되었음을 알린다. 두 팀으로 나누어 줄을 반대 방향으로 당기는 놀이인 줄다리기는 승부에 연연하지 않고 공동체의 풍요와 안위를 도모하는 데 본질이 있다.
농악	공동체 의식과 농촌 사회의 여흥 활동에서 유래한 대중적인 공연 예술의 하나다. 타악기 합주와 함께 전통 관악기 연주, 행진, 춤, 연극, 기예 등이 함께 어우러진 공연으로서 대한민국을 대표하는 공연 예술로 발전했다. 각 지역의 농악 공연자들은 화려한 의상을 입고, 마을신과 농사신을 위한 제사, 액을 쫓고 복을 부르는 축원, 봄의 풍농 기원과 추수기의 풍년제, 마을 공동체가 추구하는 사업을 위한 재원 마련 행사 등, 실로 다양한 마을 행사에서 연행되며 각 지방의 고유한 음악과 춤을 연주하고 시연한다.

명칭	내용
김장, 김치를 담그고 나누는 문화	김치는 한국 고유의 향신료와 해산물로 양념하여 발효한 한국적 방식의 채소 저장 식품을 일컫는데, 역사적 기록에 의하면 760년 이전에도 한국인의 식단에는 김치가 있었다고 한다. 김장은 한국 사람들이 춥고 긴 겨울을 나기 위해 많은 양의 김치를 담그는 것을 말한다. 광범위한 도시화와 서구화에도 불구하고 한국인의 90% 이상은 가족이나 친지가 집에서 담가주는 김치를 먹는다. 이는 '김장'이라는 문화가 현대 사회에서 가족 협력 및 결속을 강화하는 기회임을 보여준다. 김치를 담그고 나누는 것, 특히 공동 작업인 김장은 한국인의 정체성을 재확인시켜 주는 일이다.
아리랑, 한국의 서정 민요	한국의 대표적 민요인 아리랑은 역사적으로 여러 세대를 거치면서 한국의 일반 민중이 공동 노력으로 창조한 결과물이다. 아리랑은 단순한 노래로서 '아리랑, 아리랑, 아라리오'라는 여음(餘音)과 지역에 따라 다른 내용으로 발전해온 두 줄의 가사로 구성되어 있다. 인류 보편의 다양한 주제를 담고 있는 한편, 지극히 단순한 곡조와 사설 구조기 때문에 즉흥적인 편곡과 모방이 가능하고, 함께 부르기가 쉽고, 여러 음악 장르에 자연스레 수용될 수 있는 장점이 있다.
한산모시짜기	모시짜기는 수확, 모시풀 삶기와 표백, 모시풀 섬유로 실잣기, 전통 베틀에서 짜기의 여러 과정으로 이루어진다. 정장·군복에서 상복에 이르기까지 다양한 의류의 재료가 되는 모시는 더운 여름 날씨에 입으면 쾌적한 느낌을 주는 옷감이다.
택견, 한국의 전통 무술	유연하고 율동적인 춤과 같은 동작으로 상대를 공격하거나 다리를 걸어 넘어뜨리는 한국 전통 무술이다. 우아한 몸놀림의 노련한 택견 전수자는 직선적이고 뻣뻣하기보다는 부드럽고 곡선을 그리듯이 움직이지만, 엄청난 유연성과 힘을 보여줄 수 있다. 발동작이 손만큼 중요한 역할을 한다. 부드러운 인상을 풍기지만, 택견은 모든 가능한 전투 방법을 이용하며 다양한 공격과 방어 기술을 강조하는 효과적인 무술이다.
줄타기	음악 반주에 맞추어 줄타기 곡예사와 바닥에 있는 어릿광대가 서로 재담을 주고받는다는 점에서 독특하다. 줄타기 연행(演行)은 야외에서 한다. 줄타기 곡예사가 재담과 동작을 하며 노래와 춤을 곁들이는데, 곡예사가 줄 위에서 다양한 묘기를 부리는 동안, 어릿광대는 줄타기 곡예사와 재담을 주고받고, 악사들은 그 놀음에 반주를 한다. 줄타기 곡예사는 간단한 동작으로 시작하여 점점 더 어려운 묘기를 부리는데 무려 40가지나 되는 줄타기 기술을 몇 시간 동안이나 공연한다.
매사냥, 살아 있는 인류 유산	매사냥은 사교적인 여가 활동, 그리고 자연과 융화하는 한 가지 방법으로서 공동체 안에 통합되어 있다. 본디 매사냥은 식량 확보를 위한 방편 중의 하나였으나, 수세기 동안 그 밖의 여러 가치들이 생겨났으며 오늘날에는 동료애, 나눔, 자유의 표현 등의 가치와 동일시되고 있다. 오늘날 80여 개국의 지역 공동체에서는 남녀를 가리지 않고 매사냥을 즐기고 있으며, 따라서 각국의 문화 전통 양상도 매우 다양하다.
대목장, 한국의 전통 목조 건축	'대목장(大木匠)'은 한국의 전통 목조 건축, 특히 전통 목공 기술을 가지고 있는 목수를 일컫는다. 그들의 활동 범위는 전통적인 한옥에서부터 궁궐이나 사찰과 같은 기념비적 목조 건축물에 이르는 역사적 건축물의 유지보수와 복원, 재건축에까지 이르고 있다. 대목장은 건축물의 기획·설계·시공은 물론 수하 목수들에 대한 관리 감독까지 전체 공정을 책임지는 장인이다.

명칭	내용
가곡, 국악 관현반주로 부르는 서정적 노래	소규모 국악 관현(管絃) 반주에 맞추어 남성과 여성들이 부르던 한국 전통 성악(聲樂) 장르이다. 가곡은 시조 및 가사와 함께 정가(正歌)에 속한다. 예전에 가곡은 상류계층이 즐기던 음악이었다. 남성이 부르는 노래인 남창 26곡과 여성이 부르는 노래인 여창 15곡으로 구성되어 있다.
처용무	궁중무용의 하나로 궁중 연례에서 악귀를 몰아내고 평온을 기원하거나 음력 섣달그믐날 악귀를 쫓는 의식인 나례(儺禮)에서 복을 구하며 춘 춤이었다. 동해 용왕의 아들로 사람 형상을 한 처용(處容)이 노래를 부르고 춤을 추어 천연두를 옮기는 역신으로부터 인간 아내를 구해냈다는 한국 설화를 바탕으로 한 처용무는 동서남북과 중앙 등의 오방(五方)을 상징하는 흰색, 파란색, 검은색, 붉은색, 노란색 의상을 입은 5명의 남자들이 추는 춤이다.
제주칠머리당영등굿	바다의 평온과 풍작 및 풍어를 기원하기 위해 음력 2월에 제주에서 시행하는 세시풍속이다.
영산재	부처가 인도의 영취산에서 법화경(Lotus Sutra)을 설법하던 모습을 재현한 것이다. 불교의 철학적이며 영적인 메시지를 표현하고 있으며, 참석한 사람들은 스스로 수양한다.
남사당	'남자들로 구성된 유랑광대극'으로서 원래 유랑인이 널리 행하던 다방면의 한국 전통 민속공연이다. 여섯 종목으로 구성되어 있는데 농악대(풍물), 가면극(덧뵈기), 조선줄타기(어름), 꼭두각시놀음(덜미), 땅재주(살판), 사발돌리기(버나) 등이다.
강강술래	풍작과 풍요를 기원하는 풍속의 하나로, 주로 음력 8월 한가위에 연행된다. 밝은 보름달이 뜬 밤에 수십 명의 마을 처녀들이 모여서 손을 맞잡아 둥그렇게 원을 만들어 돌며, 한 사람이 '강강술래'의 앞부분을 선창하면 뒷소리하는 여러 사람이 이어받아 노래를 부른다. 이러한 놀이는 밤새도록 춤을 추며 계속되고 원무를 도는 도중에 민속놀이를 곁들인다.
강릉단오제	단옷날을 전후하여 펼쳐지는 강릉 지방의 향토 제례 의식이다. 이 축제에는 산신령과 남녀 수호신들에게 제사를 지내는 대관령국사성황모시기를 포함한 강릉 단오굿이 열린다. 그리고 전통 음악과 민요 오독떼기, 관노가면극(官奴假面劇), 시 낭송 및 다양한 민속놀이가 개최된다. 전국 최대 규모의 노천 시장인 난장은 오늘날 이 축제의 중요한 요소로서, 이곳에서는 이 지방의 토산물과 공예품이 판매되고 여러 가지 경연과 서커스도 공연된다.
판소리	한 명의 소리꾼과 한 명의 고수(북치는 사람)가 음악적 이야기를 엮어가며 연행하는 장르이다. 장단에 맞추어 부르는 표현력이 풍부한 창(노래)과 일정한 양식을 가진 아니리(말), 풍부한 내용의 사설과 너름새(몸짓) 등으로 구연(口演)하는 이 대중적 전통은 지식층의 문화와 서민의 문화를 모두 아우르고 있다는 점이 특징이다. 최대 8시간 동안 연행되는 동안 남성, 또는 여성 소리꾼은 1명의 고수의 장단에 맞춰 촌스럽기도 하고 학문적이기도 한 표현을 섞은 가사를 연행하는 즉흥 공연이다.
종묘제례 및 종묘제례악	종묘(宗廟)는 조선왕조 조상들에게 바치는 유교 의례를 하는 곳이다. 종묘제례(宗廟祭禮)란 종묘에서 행하는 제향 의식으로, 조선시대 나라 제사 중 규모가 크고 중요한 제사였기 때문에 종묘대제(宗廟大祭)라고도 한다. 종묘제례악(宗廟祭禮樂)은 종묘제례가 봉행되는 동안 연주 음악으로 기악(樂)과 노래(歌)에 춤(舞)이 함께한다. 음악은 각각의 절차에 따라 보태평과 정대업 11곡을 한국의 전통 악기로 연주한다.

자료: 유네스코와 유산(https://heritage.unesco.or.kr)에서 저자 정리

제5절 세계기록유산

① 세계기록유산 개념과 의의

기록유산은 기록을 담고 있는 정보 또는 그 기록을 전하는 매개물이다. 단독 기록일 수 있으며 기록의 모음(archival fonds)일 수도 있다. UNESCO는 1995년에 인류의 문화를 계승하는 중요한 유산인데도 훼손되거나 영원히 사라질 위험에 있는 기록유산의 보존과 이용을 위하여 기록유산의 목록을 작성하고 효과적인 보존 수단을 강구하기 위해 세계기록유산(Memory of the World) 사업을 시작했다. 필사본, 도서, 신문, 포스터 등 기록이 담긴 자료와 플라스틱, 파피루스, 양피지, 야자 잎, 나무껍질, 섬유, 돌 또는 기타 자료로 기록이 남아 있는 자료, 그림, 프린트, 지도, 음악 등 비문자 자료(non-textual materials), 전통적인 움직임과 현재의 영상 이미지, 오디오, 비디오, 원문과 아날로그 또는 디지털 형태의 정지된 이미지 등을 포함한 모든 종류의 전자 데이터를 포함한다.

세계기록유산(Memory of the World)은 세계적 가치가 있는 귀중한 기록유산을 가장 적절한 기술을 통해 보존할 수 있도록 지원하고, 유산의 중요성에 대한 전 세계적인 인식과 보존의 필요성을 증진하며, 기록유산 사업 진흥 및 신기술의 응용을 통해 가능한 많은 대중이 기록유산에 접근할 수 있어야 한다고 믿는다. 세계기록 사업 일반 운영지침은 보존, 접근, 기록유산 부산물들의 보급, 인식 제고에 두고 있다.

인류의 문화를 계승하는 중요한 유산임에도 불구하고 실제로 훼손되거나 영원히 사라질 위험에 처한 경우가 많다. 이에 유네스코는 1995년 기록유산의 보존과 이용을 위해 기록유산의 목록을 작성하고 효과적인 보존 수단을 마련하기 위하여 지정하고 있다.

② 세계기록유산 등재 기준

1) 등재 기준 항목

① 한 국가를 초월하여 세계사와 세계문화에 중요한 영향을 미친 자료

② 역사적 중요시기를 이해하는 데 중요하거나 그 시기를 특별한 방법으로 반영하는 자료

③ 세계사 또는 세계문화 발전에 이바지한 지역에 대한 정보를 지닌 자료

④ 세계사 또는 세계문화에 이바지한 인물에 관련된 자료

⑤ 세계사 또는 세계문화의 중요한 주제를 기록한 자료

⑥ 형태와 스타일에서 중요한 표본이 된 경우, 뛰어난 미적 양식을 보여주는 자료

⑦ 하나의 민족문화를 초월하는 뛰어난 사회적 · 문화적 또는 정신적 가치를 가지는 자료

2) 등재 보조 기준과 등재 효과

등재 보조 기준은 완성도 또는 완전성에 있어 탁월한 자료, 독특하거나 희귀한 자료다. 세계기록유산에 등재하면 ① 국제적 보존 · 보호를 받을 수 있는 법적 기구로 발전 가능성 대비, ② 보존관리에 대한 유네스코의 보조금 및 기술적 지원, ③ 홍보와 인식 제고를 위한 세계기록유산 로고 사용 및 유네스코를 통한 지속적 홍보 가능, ④ CD-ROM, 디지털 테이프, 오디오 CD 같은 디지털 기술을 활용하여 가능한 많은 대중에게 제공 가능 등이 있다.

③ 세계기록유산 현황

세계기록유산 목록은 전 세계적으로 2023년 기준 494건이 등재됐다. 우리나라는 2023년 기준 18건 등재되어 있다. 훈민정음(1997), 조선왕조실록(1997), 직지심체요절(2001), 승정원일기(2001), 해인사 대장경판 및 제경판(2007), 조선왕조 의궤(2007), 동의보감(2009), 일성록(2011), 5.18민주화운동기록물(2011), 난중일기(2013), 새마을운동기록물(2013), 한국

의 유교책판(2015), KBS 특별생방송 '이산가족을 찾습니다' 기록물(2015), 조선왕실 어보와 어책(2017), 국채보상운동기록물(2017), 조선통신사기록물(2017), 4.19혁명기록물(2023), 동학농민혁명기록물(2023) 등이다.

표 4-6 우리나라 세계기록유산 현황

명칭	내용
동학농민혁명기록물	「동학농민혁명기록물」은 1894년~1895년 조선에서 발발한 동학농민혁명과 관련된 기록물이다. 동학농민혁명은 부패한 지도층과 외세의 침략에 저항하며 평등하고 공정한 사회를 건설하기 위해 민중이 봉기한 사건이다. 한국이 번영된 민주주의로 나아가는 발판을 놓았으며, 유사한 외국의 반제국주의, 민족주의, 근대주의 운동에 영향을 주었다. 또한 그 과정에서 동학농민군은 전라도 각 고을 관아에 치안과 행정을 담당하는 민·관 협력(거버넌스) 기구인 '집강소'를 설치하는 성과를 거두었다. 이 기록물은 조선 백성들이 주체가 되어 자유, 평등, 인권의 보편적 가치를 지향했던 기억의 저장소로서 세계사적 중요성을 인정받았다.
4.19혁명기록물	4.19혁명기록물은 1960년 4월 19일 한국에서 학생이 중심이 되어 일어난 시민혁명 자료를 말한다. 1960년 2·28 대구 학생시위부터 3·15 부정선거에 항의하여 독재정권을 무너뜨린 4·19혁명까지의 전후 과정과 관련된 일체의 기록물이다. 4.19혁명기록물은 민주주의가 불가능하다는 역사적 조건에서 10살 안팎의 아이부터 70대 노인에 이르기까지 자발적으로 독재에 맞서 비폭력으로 민주주의를 이루면서 제3세계에서 최초로 성공한 비폭력 시민혁명인 동시에 유럽의 1968년 혁명, 미국의 반전운동, 일본의 안보투쟁 등 1960년대 세계 학생운동에 영향을 미친 기록유산으로서 세계사적 중요성을 인정받았다.
조선통신사에 관한 기록-17세기~19세기 한일 간 평화 구축과 문화교류의 역사	조선통신사에 관한 기록은, 1607년부터 1811년까지, 일본 에도막부의 초청으로 12회에 걸쳐, 조선국에서 일본국으로 파견되었던 외교사절단에 관한 자료를 총칭하는 것이다. 조선통신사는 16세기 말 일본의 도요토미 히데요시가 조선국을 침략한 이후 단절된 국교를 회복하고, 양국의 평화적인 관계 구축 및 유지에 크게 공헌했다. 조선통신사에 관한 기록은 외교 기록, 여정 기록, 문화 교류의 기록으로 구성된 종합자산이며, 조선통신사의 왕래로 두 나라의 국민은 증오와 오해를 풀고 상호이해를 넓혀, 외교분만 아니라 학술, 예술, 산업, 문화 등의 다양한 분야에 있어서 활발한 교류의 성과를 낼 수 있었다.
국채보상운동기록물	국가가 진 빚을 국민이 갚기 위해 1907년부터 1910년까지 일어난 국채보상운동의 전 과정을 보여주는 기록물로서 국가적 위기에 자발적으로 대응하는 시민적 「책임」의 진면목을 보여준다. 19세기 말부터 제국주의 열강은 아시아, 아프리카, 아메리카 등 모든 대륙에서 식민지적 팽창을 하면서 대부분의 피식민지국가에게 엄청난 규모의 빚을 지우고 그것을 빌미로 지배력을 강화하는 방식을 동원하였다. 아시아 동북쪽의 작은 나라였던 한국도 마찬가지로 일본의 외채로 망국의 위기에 처해 있었다. 한국의 남성은 술과 담배를 끊고, 여성은 반지와 비녀를 내어놓았고, 기생과 걸인, 심지어 도적까지도 의연금을 내는 등 전 국민의 약 25%가 이 운동에 자발적으로 참여하였다. 한국 사람들은 전 국민적 기부 운동을 통해 국가가 진 외채를 갚음으로써 국민으로서 책임지려고 하였다.

명칭	내용
조선왕실 어보와 어책	금·은·옥에 아름다운 명칭을 새긴 어보, 오색 비단에 책임을 다할 것을 훈계하고 깨우쳐주는 글을 쓴 교명, 옥이나 대나무에 책봉하거나 아름다운 명칭을 수여하는 글을 새긴 옥책과 죽책, 금동판에 책봉하는 내용을 새긴 금책 등의 책보(冊寶)는 조선조 건국 초부터 근대까지 570여 년 동안 지속적으로 제작되고 봉헌되었다. 1392년부터 1966년까지 570여 년이라는 장기간에 걸쳐 지속적으로 책보를 제작하여 봉헌한 사례는 한국이 유일무이하다. 왕조의 영원한 지속성을 상징하는 어보와 그것을 주석(annotation)한 어책은 현재의 왕에게는 정통성을, 사후에는 권위를 보장하는 신성성을 부여함으로써 성물(聖物)로 숭배되었다. 이런 면에서 볼 때 책보는 왕실의 정치적 안정성을 확립하는 데 크게 공헌했음을 알 수 있다. 인류문화사에서 볼 때 매우 독특한(unique) 문화양상을 표출하였다는 점에서 그 가치가 매우 높은 기록문화 유산이다.
KBS 특별생방송 '이산가족을 찾습니다' 기록물	KBS가 1983년 6월 30일 밤 10시 15분부터 11월 14일 새벽 4시까지 방송기간 138일, 방송시간 453시간 45분 동안 생방송한 비디오 녹화원본 테이프 463개와, 담당 프로듀서 업무수첩, 이산가족이 직접 작성한 신청서, 일일 방송진행표, 큐시트, 기념음반, 사진 등 20,522건의 기록물을 총칭한다. 이 기록물은 세계 방송사적으로도 기념비적인 유산이다. 텔레비전을 활용한 세계 최대 규모의 이산가족찾기 프로그램이다. 총 100,952건의 이산가족이 신청하고 53,536건이 방송에 소개되어 10,189건의 이산가족이 상봉했다. 방송 전담인력 1,641명이 투입되고 138일간 방송되었다.
한국의 유교책판	조선시대(1392~1910)에 718종의 서책을 간행하기 위해 판각한 책판으로, 305개 문중과 서원에서 기탁한 총 64,226장으로 되어 있다. 유교책판은 시공을 초월하여 책을 통하여 후학이 선학의 사상을 탐구하고 전승하며 소통하는 '텍스트 커뮤니케이션(text communication)'의 원형이다. 수록 내용은 문학을 비롯하여 정치, 경제, 철학, 대인관계 등 실로 다양한 분야를 다루고 있다. 그러나 이렇게 다양한 분야를 다루고 있음에도 궁극적으로는 유교의 인륜공동체 실현이라는 주제를 담고 있는 것이 특징이다.
새마을운동기록물	'새마을운동기록물'은 1970년~1979년까지 대한민국에서 전개된 새마을운동에 관한 기록물들이다. 이 기록물은 대통령 연설문, 정부 문서, 마을 단위의 기록물, 편지, 새마을운동 교재, 관련 사진, 영상 등으로 이루어져 있다. '새마을운동'이란 문자 그대로 'New Community Movement' 또는 'New Village Movement'를 뜻한다. 대한민국은 일제의 강점에 의한 식민 지배와 6·25전쟁에도 불구하고 급속한 경제 성장과 민주화를 달성한 세계 유일의 국가이다. 이러한 점에서 많은 개발도상국에게 한국은 교훈적인 국가 모델로 알려져 있다. 1970년부터 1979년의 기간 동안 대한민국 농가의 평균 소득은 825달러에서 4,602달러로 껑충 뛰어올랐고 새마을운동은 빈곤퇴치의 획기적인 이정표가 되었다.

명칭	내용
난중일기: 이순신 장군의 진중일기	『난중일기(亂中日記)』는 이순신(李舜臣, 1545~1598) 장군의 진중일기(陣中日記)로, 한국 사람들에게 가장 존경받는 영웅 중 한 사람인 이순신 장군이 일본의 조선 침략 당시였던 임진왜란(1592~1598) 때 진중에서 쓴 친필일기이다. 『난중일기』는 임진왜란이 발발한 1592년 1월부터 이순신 장군이 마지막으로 치른 노량(露梁) 해전에서 결정적인 승리를 앞두고 전사하기 직전인 1598년 11월까지 거의 날마다 적은 기록으로 총 7책 205장의 필사본으로 엮어져 있다.
1980년 인권기록유산 5.18 광주 민주화운동기록물	1980년 5월 18일부터 5월 27일 사이에 한국 광주에서 일어난 5·18 민주화운동과 관련한 기록물은 시민의 항쟁 및 가해자들의 처벌과 보상에 관한 문서·사진·영상 등의 형태로 남아 있다. 5.18민주화운동은 한국의 민주화에 중추적인 역할을 하였을 뿐만 아니라 민주화를 쟁취함으로써 동아시아의 다른 국가들에도 영향을 미쳤다. '진상 조사', '가해자 처벌', '명예 회복', '보상', '기념사업'이라는 5가지 주요 원칙은 유엔 인권위원회에서 인권침해에 대한 보상 규칙을 결정하는 데 모범이자 기준이 되었다.
일성록	『일성록(日省錄)』은 근세 전제군주정의 왕들이 자신의 통치에 대해 성찰하고 나중의 국정 운영에 참고할 목적으로 쓴 일기로서 세계적으로 유례가 거의 없는 고유한 가치를 지닌 기록유산이다. 글자 그대로 '하루의 반성문'을 의미하는 『일성록』은 조선왕조(1392~1910)의 22대 왕 정조(正祖, 재위 1776~1800)가 왕위에 오르기 전부터 자신의 일상생활과 학문의 진전에 관해 성찰하며 쓴 일기에서 유래하였다. 정조는 왕위에 오르자 왕립 도서관인 규장각 신하들에게 일지를 쓰게 하고 내용에 대해 자신의 승인을 받게 함으로써, 『일성록』은 왕 개인의 일기에서 국사에 관한 공식 기록으로 바뀌었다. 그 편찬 작업은 단순한 국사의 기록이 아니라 18세기에서 20세기까지 동서양 간의 정치와 문화의 교류에 관한 자세한 설명과 세계적인 시대 흐름에 대한 통찰 때문에 세계사적으로도 중요한 가치를 지닌다.
동의보감	『동의보감(東醫寶鑑)』이라는 말은 '동양 의학의 이론과 실제'를 뜻하며, 1613년 우리나라에서 편찬된 의학지식과 치료법에 관한 백과사전적 의서이다. 왕명에 따라 의학 전문가들과 문인들의 협력 아래 허준(許浚, 1546~1615)이 편찬하였다. 국가적 차원에서 다양한 의학 지식을 종합하였고, 일반 백성을 위한 혁신적인 공공 의료 사업을 수립하고 실행한 것이다. 의학적 측면에서 『동의보감』은 동아시아에서 2000년 동안 축적해 온 의학 이론을 집대성하여 의학 지식과 임상 경험을 하나의 전집으로 통합하는 데 성공하였다. 현대 의학 이론에 비견되는 지식을 담은 이 책은 동아시아와 그 너머 세계의 의학 발전에 대해 이야기해 준다. 의료 제도와 관련해서는 19세기까지 사실상 전례가 없는 개념이었던 '예방 의학'과 '국가에 의한 공공 의료'라는 이상을 만들어냄으로써 동아시아의 의학 지식과 기술의 발달을 대변하며, 나아가 세계의 의학과 문화에 남긴 발자취다. 그러므로 『동의보감』의 의의와 중요성은 세계의 그 무엇과도 견줄 수 없다.

명칭	내용
조선왕조 의궤	조선왕조(1392~1910) 500여 년간의 왕실 의례에 관한 기록물로, 왕실의 중요한 의식(儀式)을 글과 그림으로 기록하여 보여준다. 진귀한『의궤』는 왕실 생활의 다양한 측면을 아주 자세하게 담고 있다는 점에서 그 가치가 높다. 혼인·장례·연회·외국 사절 환대와 같은 중요한 의식을 행하는 데 필요한 의식·의전(儀典)·형식 절차 및 필요한 사항들을 기록하고 있고, 왕실의 여러 가지 문화 활동 외에 궁전 건축과 묘 축조에 관한 내용도 자세히 담고 있다.
고려대장경판 및 제경판	「고려대장경(高麗大藏經)」은 고려 왕조가 제작한 '삼장(三藏, Tripitaka, 산크리스트어로 '3개의 광주리'를 의미, 불경)'으로, 근대 서구 학계에 흔히 'Tripitaka Koreana'라고 알려져 있다. 총 81,258판의 목판에 새긴 「고려대장경」은 13세기 고려 왕조(918~1392)의 후원을 받아 만들었으며, 현재 대한민국 남동쪽에 있는 해인사(海印寺)라는 고찰에 보관되어 있다. 「고려대장경」은 이를 구성하는 목판의 판수 때문에 흔히 '팔만대장경'으로 불린다. 「고려대장경」이 고려 왕조의 후원을 받아 목판에 삼장을 새겨 경판을 제작하고자 진행한 조판 사업이었던 반면, 별도로 해인사에서 직접 후원하여 제작한 제경판(諸經板)이 있다. 1098년~1958년에 조판된 총 5,987판의 목각 제경판이 해인사에 보관되어 있다. 이 제경판은 「대장경」을 보완하기 위해 만든 것으로서 그중 일부는 전 세계적으로 유일하다.
승정원일기	승정원은 조선시대 국왕의 비서기관으로서 조선 왕조를 이끈 모든 국왕의 일상을 날마다 일기로 작성하는 일을 담당하였다. 기관 이름이 수차례에 변경됨에 따라 일기의 명칭도 변경되었지만 이들 모두를 통틀어『승정원일기』라고 부르며 하나의 기록유산으로 간주한다. 『승정원일기(承政院日記)』는 조선왕조에 관한 방대한 규모(17~20세기 초)의 사실적 역사 기록과 국가 비밀을 담고 있다. 특히 19세기 후반에서 20세기 초 사이에 기록된 일기는 서구의 영향력이 당시 쇄국 정책을 고수하던 조선왕조의 문호를 어떻게 개방하였는지 잘 보여준다. 국왕을 가까이에서 관찰하면서 이들 방대한 기록을 담당한 사람은 승지(承旨)와 주서(注書)였다.
불조직지심체요절 하권	고려 말에 백운화상(白雲和尙, 1299~1374)이 엮은『불조직지심체요절(佛祖直指心體要節)』은 선(禪)불교의 요체를 담고 있다. 여러 부처와 고승의 가르침을 신중하게 선택하여 누구라도 선법의 핵심에 다가갈 수 있도록 하였다. 이 책은『직지심체요절』,『직지심체』,『직지심경(直指心經)』, 또는『직지』등의 다른 이름으로도 불린다. 『직지』는 1377년 7월 청주의 흥덕사(興德寺)라는 옛 절에서 가동 금속활자를 이용해서 인쇄되었다. 승려였던 석찬(釋贊)과 달담(達湛)이『직지』의 간행을 도왔고 묘덕(妙德)이라는 여승이 이에 필요한 재원을 시주하였다. 『직지』는 본래 상(上), 하(下) 2권으로 인쇄되었으나 상권은 아직까지 발견되지 않았고, 하권만 프랑스 국립도서관에 소장되어 있다. 고려의 옛 책에서는 좀 더 이른 시기에 금속활자로 인쇄된 다른 책에 대해 언급하고 있지만, 이 책『직지』는 현존하는 세계 최고(最古)의 가동(可動) 금속활자본의 증거로서 인류의 인쇄 역사상 매우 중요한 기술적 변화를 보여주고 있다.

명칭	내용
조선왕조실록	『조선왕조실록(朝鮮王朝實錄)』은 조선왕조를 건립한 태조(太祖, 1392~1398) 때부터 철종(哲宗, 1849~1863, 조선의 제25대 왕)의 통치기에 이르는 470여 년간 왕조 역사를 담고 있다. 《실록》은 역대 제왕을 중심으로 하여 정치와 군사·사회 제도·법률·경제·산업·교통·통신·전통 예술·공예·종교 등 조선왕조의 역사와 문화 전반을 포괄하는 매일의 기록이다. 후임 왕이 전왕의 실록 편찬을 명하면 《실록》이 최종적으로 편찬되었다. 사초(史草), 시정기(時政記), 승정원일기(承政院日記, 왕의 비서기관이 작성한 일기), 의정부등록(議政府謄錄, 최고의결기관 기록), 비변사등록(備邊司謄錄, 문무합의기구 기록), 일성록(日省錄, 국왕의 동정과 국무에 관한 기록) 등의 자료를 토대로 작성되었다. 물론 그중에서도 가장 중요한 자료는 사초와 시정기였다. 『조선왕조실록』은 총 2,077책이 보존되었는데, 정족산 사고본 1,181책, 태백산 사고본 848책, 오대산 사고본 27책, 상편 21책 등이다.
훈민정음(해례본)	1446년 음력 9월에 반포된 훈민정음(訓民正音) 판본에는 1443년에 창제된 한국의 문자 한글을 공표하는 조선왕조 제4대 임금 세종대왕(재위 1418~1450)의 반포문(頒布文)이 포함되어 있다. 또한 정인지(鄭麟趾) 등 집현전 학자들이 해설과 용례를 덧붙여 쓴 해설서 해례본(解例本)이 포함되어 있다. 그러므로 이 판본을 『훈민정음 해례본』이라 하며, 간송 미술관에 보관되어 있다.

자료: 유네스코와 유산(https://heritage.unesco.or.kr); 국가유산청 국가문화유산포털(https://heritage.go.kr)에서 저자 정리

제 5 장

사회관광

제5장

사회관광

학습목표

1. 사회관광의 개념과 체계를 이해할 수 있다.
2. 세시풍속, 24절기, 지역특산물과 향토음식 등 전통문화와 축제를 설명할 수 있다.

제1절 사회관광 체계

1 사회관광 개념

사회관광은 문화관광과 혼용하고 있어 혼동할 수 있다. 사회관광은 유형적 문화 소산으로 의식주의 생활 용구 등의 용구 문화, 무형의 사회 유산으로 국민성, 풍속, 제도, 도덕, 종교, 신앙 등의 규범 문화, 철학, 종교, 예술, 전설, 신화, 학문, 축제 등의 가치 문화 등으로 구성된 관광을 말한다. 사회관광 대상은 세시풍속, 24절기, 지역특산물, 향토 음식, 축제 등이다.

제2절 **전통문화**

① **세시풍속**

　세시(歲時)는 한 해 4계절과 열두 달을 말한다. 세시풍속(歲時風俗)은 음력의 월별 24절기와 명절로 구분하며, 집단 또는 공통으로 가가호호, 지역, 민족 등으로 관행에 따라 전승되는 의식과 의례 행사로 농업과 밀접하게 관련되어 있어 농경의례라고도 한다. 아주 오래전부터 내려오는 농경 사회의 풍속이며, 한 해의 절기나 달, 계절에 따라 관습적으로 반복하는 한 지역의 생활 습관을 말한다. 이는 자연적 조건인 풍토성과 그 지역의 사회성 및 생업에 따라 형성된다. 설날, 정월 대보름, 단오, 추석과 같은 명절은 오랜 관습에 따라 새 옷으로 갈아입고 술과 음식을 장만하여 제사를 지내는 등 여러 가지 행사가 있다. 이러한 행사는 오랜 생활문화를 이루며 매년 되풀이하는 행위로 이를 세시풍속이라 한다.

　우리나라의 세시풍속과 관련된 가장 오래된 기록은 중국의 『삼국지』 위서 동이전이며 『삼국사기』에 추석, 수리, 유두, 『삼국유사』에 대보름 기록이 전한다. 부여의 영고, 고구려의 동맹, 예의 무천 등이 세시풍속의 원류라 할 수 있으며, 고려가요 〈동동〉에는 월별 명절이 자세하게 전한다. 고려시대 궁중무용의 반주가로 불린 〈동동〉은 달거리(月令體)로 구성되어 있으며 달마다 행해지는 세시풍속을 노래의 배경으로 하고 있다. 1월의 답교(踏橋), 2월의 연등, 3월의 산화(散花), 5월의 단오, 6월의 유두, 7월의 백중, 8월의 추석, 9월의 중양, 12월의 나례(儺禮) 등이다. 우리나라 세시풍속은 고유한 것도 있지만 음양론, 태양력, 불교문화에서 영향을 받은 것도 있다. 설날과 섣달그믐, 각 달의 초하루나 보름 등은 민족 고유의 명절이거나 농경민족의 보편적 명절이라 할 수 있고 삼월삼진날, 칠월칠석, 중구절은 음양론과 관련되고, 입춘과 동지는 태양력, 사월초파일은 불교와 관련된 것이다(https://url.kr/9jg3lv).

　세시풍속의 특징은 농경 사회의 영향으로 농경이 시작되는 정월에 대부분의 세시풍속과 놀이가 밀집되어 있다. 농사 풍년 기원과 조상에 대한 감사 및 숭배, 잡귀를 쫓고 건강과 집안의 평안을 비는 의식과 행위로 짜여 있다. 농경 생활을 원활히 하기 위한 협동성 및 한 해 풍작과 흉작 여부를 점쳐보는 점복 요소가 두드러지게 나타난다.

세시풍속은 일차적으로 역법이지만, 명절에 행해지는 의례는 대부분 주술적인 의미를 지니며 마을 신앙, 가택 신앙, 자연 숭배, 곡령 숭배, 조상 숭배, 점복 등을 통해 종교적 기능을 수행한다. 이와 함께 고단한 생업을 잠시 멈추고 노동력을 충전할 수 있는 휴식 기능, 혈연과 지연의 유대를 강화하는 사회 기능, 놀이 · 음악 · 미술 · 연극 · 춤 등이 펼쳐지는 예술 기능, 놀이와 예능이 자연스럽게 학습되는 전승 기능이 함께 수행된다.

표 5-1 세시풍속과 음식

월	명칭	음식	내용
1월	설날	떡국	음력 1월 1일, 새해 첫날로 일 년 중 가장 큰 명절
	정월대보름	오곡밥	그해 첫 15일, 보름날이므로 풍년이 들기를 바라는 마음에서 음식을 차린다.
2월	초하룻날	노비송편	중화절로 정조 때 중국 풍속을 본뜬 것으로 농사일을 시작하는 날로 삼았다.
3월	삼짇날	진달래전	강남 갔던 제비가 돌아오는 날
4월	초파일	비빔밥	부처님 오신 날
5월	단오	수리취떡	수릿날. 여자들이 창포 삶은 물에 머리 감는다.
6월	유두	국수	음력 6월 15일. 흐르는 냇물에 머리를 감는다.
7월	칠석	국수	견우와 직녀가 만나는 날
8월	추석	송편	음력 8월 15일. 최대 명절
9월	중구절	국화전	음력 9월 9일. 추석 때 가을 햇곡을 거두지 못해 조상제사를 지내지 못한 가정에서 제사를 지내는 날
10월	상달고사	시루떡	햇곡식으로 성주신, 터주신 등에게 가내의 안녕 기원
11월	동지	팥죽	일 년 중 밤이 가장 길고 낮이 가장 짧은 날
12월	섣달	참새	일 년 마지막 날로 밤에 잠을 자지 않고 지나가는 해를 지키며 밤을 새우는 풍습

자료: 안동시 농업기술센터

② 24절기

24절기(節氣)는 태양년을 태양의 황경에 따라 24등분한 기후의 표준점이다. 황경은 태양이 춘분(春分)에 지나는 점(춘분점)을 기점으로 하여 황도(黃道: 지구에서 보았을 때 태양이

1년 동안 하늘을 한 바퀴 도는 길)에 따라 움직인 각도를 말하며, 이 황경이 0°일 때를 춘분, 15°일 때를 청명(淸明) 등으로 구분하는데, 15° 간격으로 24개 절기의 날짜를 구분한다.

표 5-2 24절기

음력월	절 기	일 자	내 용
1월	입춘(立春)	2월 4일경	봄의 시작
	우수(雨水)	2월 18일 또는 19일	봄비 내리고 싹이 틈
2월	경칩(驚蟄)	3월 5일 또는 6일	개구리 겨울잠에서 깨어남
	춘분(春分)	3월 20일 또는 21일	낮이 길어지기 시작
3월	청명(淸明)	4월 5일 또는 6일	봄 농사 준비
	곡우(穀雨)	4월 20일 또는 21일	농사비가 내림
4월	입하(立夏)	5월 5일 또는 6일	여름의 시작
	소만(小滿)	5월 21일 또는 22일	본격적인 농사 시작
5월	망종(芒種)	6월 5일 또는 6일	씨 뿌리기 시작
	하지(夏至)	6월 21일 또는 22일	낮이 연중 가장 긴 시기
6월	소서(小暑)	7월 7일 또는 8일	더위의 시작
	대서(大暑)	7월 22일 또는 23일	더위가 가장 심함
7월	입추(立秋)	8월 7일 또는 8일	가을의 시작
	처서(處暑)	8월 23일 또는 24일	더위 식고 일교차 큼
8월	백로(白露)	9월 7일 또는 8일	이슬이 내리기 시작
	추분(秋分)	9월 23일 또는 24일	밤이 길어지는 시기
9월	한로(寒露)	10월 8일 또는 9일	찬 이슬 내리기 시작
	상강(霜降)	10월 23일 또는 24일	서리가 내리기 시작
10월	입동(立冬)	11월 7일 또는 8일	겨울 시작
	소설(小雪)	11월 22일 또는 23일	얼음이 얼기 시작
11월	대설(大雪)	12월 7일 또는 8일	겨울 큰 눈이 옴
	동지(冬至)	12월 21일 또는 22일	밤이 연중 가장 긴 시기
12월	소한(小寒)	1월 5일 또는 6일	겨울 중 가장 추운 때
	대한(大寒)	1월 20일 또는 21일	겨울 큰 추위

춘하추동의 각 계절은 입춘, 입하, 입추, 입동의 4개 절기(四立 날)로 시작되고 있으며, 24절기는 계절을 세분한 것으로, 대략 15일 간격으로 나타낸 달력이라 할 수 있다. 계절은 태양 하늘 위치, 즉 황도 위의 위치를 나타내는 황경에 따라 변동하기 때문에 24절기의 날짜는 해마다 양력으로는 거의 같게 되지만 음력으로는 조금씩 달라진다.

③ 지역특산물과 향토 음식

지역특산물은 어떤 마을에서 특별히 나오는 것으로 한 지방의 토산물을 말하지만, 한 나라의 특별한 산물도 포함한다. 향토 음식은 한 지역 사회에서 주민들 사이에 대대로 만들어 먹어 온 맛과 특성을 가진 음식으로 그 지방의 특산품이나 특유의 조리법 등으로 만든 그 지역의 전통 음식이라고 할 수 있다.

표 5-3 지역별 특산물

지역	특산물
경기도	김포 쌀, 안성 한우와 배, 이천 쌀, 가평 잣, 파주 콩
강원도	인제 곰취, 양양 송이, 강릉 한과, 횡성 한우
충북	천안 호두, 충주 밤, 영동 포도
충남	청양 고추, 예산 사과
경북	영주 사과, 포항 시금치, 상주 곶감, 의성 마늘, 고령 수박, 경산 대추, 청도 미나리
경남	창녕 양파, 하동 녹차, 의령 망개떡, 밀양 얼음골 사과, 함안 수박
전북	고창 복분자, 순창 고추장
전남	보성 녹차, 광양 매실, 여수 돌산갓, 해남 고구마, 영암 무화과
제주도	감귤, 한라봉, 흑돼지, 옥돔, 전복, 갈치, 오메기떡

자료: 저자

농업기술 보급과 진흥을 위해 농촌진흥청과 소속 기관이 보유한 다양한 콘텐츠를 제공하는 농사로(https://www.nongsaro.go.kr)에 지역 특산물 1,407개, 지역 브랜드 602개가 등록되어 있다. 지역 특산물의 광역단체별 현황을 살펴보면 경기도 205개, 부산광역시 24개, 대구광역시 33개, 인천광역시 29개, 대전광역시 22개, 울산광역시 5개, 세종특별자치시 12개, 강원특별자치도 176개, 충북 78개, 충남 97개, 전북 104개, 전남 133개, 경북 170개, 경남 319개 등이다. 주요 지역 브랜드는 인천광역시 강화토종순무, 광주광역시 예담은(떡), 세종특별자치시 조치원복숭아, 경기도의 파주장단콩, 파주개성인삼, 대왕님표여주쌀, 김포금쌀, 포천막걸리, 충청북도의 청풍명월한우, 음성 햇사레(복숭아), 충청남도의 부여 굿뜨래(과실류), 청양 칠갑마루(고추), 전라북도의 진안삼, 장수오미자, 순창전통고추장, 전라남도의 구례 산수려(산수유), 녹차수도보성(식량작물), 광양매실딸기G(매실), 경상북도의 청송 애플송APPLESONG, 청도반시감말랭이, 영양고추, 의성마늘, 영천포도, 안동사과, 경상남도의 하동 섬진강재첩, 하동녹차왕의녹차 등이다.

표 5-4 지역별 향토 음식

지역	대표 음식	특징
서울	설렁탕, 육개장, 신선로, 구절판, 너비아니	특산물은 없으나 조선왕조 500년 수도였기 때문에 가장 화려하고 사치스러운 음식
경기도	개성편수, 수원갈비, 공릉장국밥	농수산물의 풍부한 식재료를 통한 우수한 식문화
강원도	막국수, 닭갈비, 옹심이, 초당순두부, 오징어순대,	영서지방: 밭농사 중심의 옥수수, 감자, 메밀 음식
		영동지방: 신선하고 풍부한 해산물
충북	도리뱅뱅이, 올갱이국밥	유일한 바다에 접하지 않은 내륙 지방, 맵고 짜지 않으며 담백한 음식
충남	호두과자, 어리굴젓,	화려하지 않고 담백하고 구수하며 소박
경북	안동식혜	낙동강 주변의 벼농사 발달, 맵고 짠 편
경남	진주비빔밥, 멸치회, 동래파전	농수산물의 조화로운 식생활 가능, 맵고 짠 편
전북	비빔밥, 콩나물국밥, 풍천장어	풍부한 쌀과 식재료로 지역 음식 문화 발달
전남	나주곰탕, 갓김치	곡식, 해물, 산채 등 다양한 식재료, 음식 가짓수 많다.
제주도	옥돔, 자리물회, 성게국, 한치물회	콩, 보리, 조 등의 잡곡과 풍부한 해산물, 소박하고 짠 편

자료: https://jinsangpum.tistory.com/318

우리나라는 삼천리 금수강산이라 불릴 정도로 산수가 수려하여 우수한 식품이 많이 생산된다. 동·서·남은 바다에 접해 있고 북은 큰 강으로 경계를 짓고 있다. 그 지세는 남북으로 길게 뻗어 남과 북의 기후 차가 현저하므로 곳곳의 산물이 달라지고 따라서 산업 형태도 달라진다. 각 지방의 향토 음식은 1900년 중반까지는 고유한 특색이 있었으나 점차 산업과 교통이 발달하여 다른 지방과의 왕래와 교역이 많아지고, 인적, 물적 교류가 늘어나서 한 지방의 산물이나 식품이 전국 곳곳으로 퍼지게 되고, 음식 만드는 솜씨도 널리 알려지게 되었다. 지방마다 음식의 맛이 다른 것은 그 지방의 기후와 밀접한 관계가 있다. 북부 지방은 여름이 짧고 겨울이 길어서 음식 간이 남쪽에 비하여 싱거운 편이고 매운맛은 덜하다. 음식의 크기도 큼직하고 양도 푸짐하게 마련하여 그 지방 사람들의 품성을 나타내준다. 반면에 남부 지방으로 갈수록 음식의 간이 세어지고 매운맛도 강하고 양념과 젓갈을 많이 쓰는 경향이 나타난다. 지형적으로 북부 지방은 산이 많아 밭농사를 주로 하여 잡곡 생산이 많고, 서해안에 면해 있는 중부와 남부 지방은 쌀농사를 주로 하고, 북쪽 지방은 주식으로 잡곡밥을, 남쪽 지방은 쌀밥과 보리밥을 먹게 되었다.

제3절 축제

① 축제 기원과 개념

1) 축제 기원(공윤주, 1999)

우리나라에서 사용하는 축제 용어는 옛 문헌에 나타나지 않는 것으로 보아 후대에 만들어진 조어(造語)인 듯하며 축제와 비슷한 용어인 잔치는 축제보다 소규모 행사를 말한다. '축(祝)'자는 경축의 뜻뿐만 아니라 기원의 뜻이 더 크다는 점을 이해해야 한다. 제사의 축문, 축복, 축수(祝壽), 축하, 축도(祝禱) 등은 경하와 경축의 뜻보다는 신에게 빌고 원한다는 의식의 뜻이 더 강하다. 서구의 festival 개념으로 받아들이는 것은 제의(祭儀)의 뜻을 잘못 이해했기 때문이다. 엄숙해야 할 제가 ○○제, ~제라는 용어로 남발하는 것은 일본식이나 서구 기독교적 가면무도회, 연회, 경기처럼 여흥 위주의 축제로 탈바꿈했기 때문이다.

유럽 축제인 사육제(carnival)는 예수를 추앙하여 술과 고기를 끊고 수도하는 예수의 고행을 추모하는 사순절이 시작되기 전의 3일, 또는 일주일 동안 술과 고기를 마음껏 먹으며, 술과 고기와의 이별을 아쉬워하며 가면을 쓰고 행렬하거나 극과 놀이하면서 노는 축제를 일컫는다.

축제의 발생 시기를 추적한다는 것은 사실상 불가능하다. 다만, 노래와 춤을 비롯하여 예술이 망라된 것이 축제라면 민속예술의 시원이라고 볼 수 있는 제천의례가 우리나라 축제의 시원이 될 수 있다. 고대 국가 중 부여의 정월 영고, 고구려의 10월 동맹, 예의 무천과 마한의 농공시필기인 5월과 10월의 제천의례는 모두 종합예술의 성격을 띤 한국적 축제였다. 이들 제천의례라는 축제는 흐드러진 놀이판이자 신성한 종교의 장으로 이때에는 천신(天神)에게 제사를 지내고 음주가무로 놀이판을 벌이며 신과의 만남을 통해 그들의 소망을 빌었다. 제천의례는 우리 축제의 문헌상의 시원일 뿐만 아니라 우리 축제를 대표하는 축제라고 할 수 있다.

고대인은 축제를 통해 액운을 없애고 복을 불러 풍요와 건강을 유지하였는데 이것은 축제 속에 민족의 신앙적 사상이 담겨 있음을 의미한다. 그런데 문명화를 거치면서 이러한 종교성이 약화하고 인간 본위의 이성적, 합리적 사고에 따라 오락성이 가중된다. 이렇게 과거 기능보다는 오늘날의 시대에 맞는 기능이 강조되었다 하더라도 축제의 본질적 의미는 간과할 수 없다.

축제는 예술적 요소가 포함된 제의를 말한다. 축제는 애초 성스러운 종교적 제의에서 출발했으나 유희성을 강하게 지니게 되어 오늘날에는 종교적인 신성성이 거의 퇴색했다. 우리나라 축제의 고형(固形)인 제천의례(祭天儀禮)는 농공 시필기에 하늘에 제사를 지낸 후 무수한 사람들이 모여 음주가무하며 즐기는 것이 관례였다. 단순히 술을 마시고 노래하는 것이 아니라 반드시 하늘에 제사를 지냈다는 것이 바로 축제가 신성한 종교행사였음을 말해준다. 결국 '축제를 왜 하는가'에 대한 궁극적인 해답은 인간의 생존 욕구를 해소하기 위한 것이라고 할 수 있다.

2) 축제 개념

원래 축제란 단어는 사람(儿)이 말(口)로 신에게 기원하는 것(示)을 형상화한 글자인 '祝'과 제물(肉)을 손(手)으로 제상(示)에 놓는 모습을 형상화한 '際'가 결합한 단어다. 축제는 인간이 가지고 있는 신 또는 우주에 대한 경외감과 인간의 본능적 욕구, 즉 유희본능이 복합적으로 작동하여 이루어지는 제도며, 삶의 현실이 문화예술과 결합하여 제도화된 것이다. 일상생활 속에서 행해지는 특별한 활동으로 대부분 신격화된 대상을 가지고 있으며, 시간적·공간적인 개념을 주요 대상으로 삼고, 그 목적은 삶의 질서를 회복하는 데 있다.

② 축제 특성과 역할

1) 축제 특성

축제는 종종 상징과 비유를 통해 재생되는 신화적 또는 역사적 사건들을 기초로 하고 있다. 대부분 축제는 특별한 음악과 춤, 그 밖에 특수한 행동을 포함한 의식들과 행렬을 지켜 나간다거나 일상과 구별되는 의상과 가면을 쓴다는 여러 개의 차별적인 요소를 포함한다. 또한, 계절적인 순환(봄·추수기), 종교적인 축일(사순절·부활절), 역사적, 애국 기념일(독립선언·승전기념)과 일치하는 규칙적인 간격을 지닌 채 일어난다.

2) 축제 역할과 기능

(1) 종교

신에게 제사를 지내고 풍농을 기원하는 것은 종교성과 직접적으로 관련되고, 제의성과 연결된다.

(2) 윤리

제천의례에서 하늘에 제사를 지낸 것은 천신을 공경하고 숭배하는 윤리의식의 작용이다.

(3) 사회

사회구성원으로서의 자기 확인과 자기 인식, 공동체 의식 고양, 사회통합적인 기능을 포괄하는 것으로 향토민의 일체감과도 통할 수 있는 기능이다.

(4) 정치

지역축제를 위해서는 그 지역 대표들의 모임이고, 모임의 결정에 따라 일이 처리되는 정치형태를 갖춘다.

(5) 예술

축제는 종합예술의 성격을 띤다.

(6) 오락

축제가 일상생활과 구별된다는 점에서 일탈성(逸脫性)은 축제의 큰 특징으로, 축제 기간에는 일상에서 벗어나 자유로움을 만끽하는 이완의 극치를 이루게 한다.

(7) 충전

축제는 단순히 즐거움을 위한 것이 아닌 긴장과 이완의 리듬 속에서 다른 일을 하기 위한 재충전의 작업이다.

③ 축제 속성

1) 일탈

축제와 같은 여가 활동을 통해 사회적 의무와 규범에서 벗어나 일상생활을 일시적으로 탈출할 수 있다. 러시아 민속학자 바흐찐은 축제의 일탈성을 카니발리스크(Carnivalesque)로 지칭하면서 유머와 혼돈과 같은 축제 특성을 통해서 참가자들이 주류 문화와 규범에 대한 저항과 해방을 시도하는 현상이라고 했다.

2) 놀이

축제는 집단적 놀이 문화다. 놀이 유형에 따른 축제는 경쟁 기반의 홍콩 용선제, 우리나라 줄다리기가 있으며, 행운 기반 놀이는 많은 축제에서 진행하는 경품추첨, 모방 놀이는 베니스 카니발, 백제문화제 의상 체험 등이며, 현기증 놀이는 축제장 놀이기구나 정남진 장흥 물축제 등이다.

3) 대동

축제는 대중과 지역주민들이 대동단결하여 참여하는 집단 놀이다. 대동은 큰 세력이 합동함을 의미하는 집단적 일체감을 나타내는데 참가자들 사이의 사회적 규범과 규칙이 정지된 공간이기 때문에 가능한 평등한 일체감을 표현할 수 있다. 충남 당진의 기지시 줄다리기 축제가 대표적이다.

4) 신성

축제의 원형은 유희적 요소와 제의적 요소의 결합이다. 신성성은 축제의 제의적 요소와 밀접한 관계가 있으며, 전통적인 축제 행사는 신에게 마을의 풍요와 안전을 기원하는 제의적 기능이 중심이다. 관광이벤트로서의 축제는 신성성은 약화되었으나 형식적인 측면에서 남아 있다. 강릉단오제가 대표적으로 신성성을 갖추고 있다.

5) 장소

장소성은 자신이 방문한 장소의 의미와 역사를 이해한다는 뜻이다. 축제 경험 속성으로서 장소성은 축제참가자가 축제프로그램과 축제가 개최되는 지역과 장소가 가지는 여러 가지 의미와 이야기들을 소비하는 측면을 지칭한다. 축제는 보통 축제프로그램 홍보와 축제 개최지의 장소적 특성을 홍보하여 방문객들의 장소성 경험을 극대화하기 위해 노력한다. 축제 경험은 축제프로그램 경험과 장소를 통해 전달되는 경험이 결합되어 형성되며, 고유성 있는 경험을 위해서는 장소성(축제 개최지의 역사와 문화 이야기)을 적절하게 관광객

에게 전달해야 한다.(한국관광학회, 2019)

④ 축제 효과

축제는 효과에 대한 측정의 난해함 때문에 구체적인 정책 효과를 단정적으로 추정하기는 쉽지 않다. 영역별로 지역에 미치는 효과는 상당히 크고 긍정적인 면도 있으며 부정적 영향력 또한 존재하고 있다. 축제 효과는 경제, 사회문화, 환경 등 3가지로 나눌 수 있다.

표 5-5 축제 효과 범주와 측정 지표

효과 범주	측정 지표
경제적 효과	· 방문객 수 조사/방문객 소비와 지출 조사/축제 직접 수익 조사 · 축제 고용효과 조사/지방정부 세수입 증가/사업체 수 증가 · 산업구조의 변화에 영향/관광 사업 발전/도시의 국제화와 고도화
사회문화적 효과	· 지역주민의 문화 향수 제고/지역주민 축제 참여 · 교육 효과/전통문화 발전/애향심 고취
환경적 효과	· 축제 간접자본 확보/지역 경관 개선/축제 경관 개선 · 환경의 중요성 인식/환경오염 방지와 유발/자연경관 훼손

자료: 한국문화관광연구원(2016)

1) 경제

관광객 지출은 축제에서의 지출과 숙박, 교통, 쇼핑 및 인근 지역관광에 대한 지출을 포함한다. 축제 개최를 위한 투자 및 운영과정에서 고용 창출 효과를 유발하며 나아가 지역주민에 대한 소득 증대 효과 및 연관 사업 파급효과를 창출하여 지역경제 활성화에 긍정적으로 이바지한다.

2) 사회문화

지역주민의 지역에 대한 자긍심이 축제로 인해 고취되고, 지역 공감대와 정체성을 형성하는 데 축제가 일정 역할을 함으로써 지역 공동체 발전에 긍정적 역할을 하게 된다. 또한 축제는 관광객 입장에서 관광의 중요 동기인 다른 지역의 생활과 문화에 대한 지적 욕구를 충족시켜 주는 계기가 되며, 다양한 문화 활동을 관람하고 참여하여 기회를 제공한다. 이러한 축제는 지역문화를 계승하고 발전시키는 계기가 될 수 있으며 지역의 전통 문화자원을 보호하고 강화하는 수단이 된다.

3) 환경

축제 개최로 인해 지역 환경 개선 효과가 나타나는데, 공공시설과 인프라 건설 등이 대표적인 환경적 효과다. 축제 운영을 위해 적극적으로 도시 정비하며, 지역의 주민들이 활용할 수 있는 공공시설과 사회 하부 구조를 갖춘다. 축제는 부수적으로 교통, 숙박 시설, 미관 개선 등 인프라 확충에 긍정적 효과를 가진다.

표 5-6 축제 방문객과 지역주민의 축제 효과 인식

항목	변수
경제적 효과	방문객 소비 지출 효과/지역경제 활성화
	고용 기회 확대/지방세수 확대
	축제 운영 수익/지역 산업과 상업 발전
사회문화적 효과	지역 홍보 효과 제고/레저시설과 이용 기회 확대
	문화 교류 촉진/자원봉사자 증가
	지역주민 문화 활동 증진/기대감 상승/신뢰감 상승/소비 증진
	방문 의사 결정/범죄 증가/고유문화 파괴/교통 혼잡 가중
	과소비 유발/쓰레기와 소음 증가/지역물가 상승/경제적 부담 증가
환경적 효과	사회기반시설 확충/편의시설 확대/환경 조성/지역환경 개선
	자연환경 훼손/지원 혜택과 만족
국제경쟁력 제고	국외 홍보 효과 제고/국외 기관과 단체 문화 교류
	해외공연 초청/참여프로그램/안내 체계/참여 공간

자료: 한국문화관광연구원(2016)

⑤ 축제 분류

축제는 프로그램 구성 형식, 개최 목적, 전통문화, 예술, 특산물, 지역테마형 등 다양한 주제와 기준으로 분류할 수 있다. 전통문화축제는 지역의 전통이나 역사성에 기반하고 있는 민속, 관습, 제의(祭儀) 등의 문화를 계승하고 보전하거나 역사적 인물을 추모하는 목적으로 개최되는 축제로서 강릉단오제, 남원춘향제 등이 있다. 문화예술축제는 현대적 관점에서 문화와 예술(연극, 무용, 춤, 음악, 미술, 영화 등)을 소재로 하여 그 문화와 예술을 창달할 목적으로 개최되는 축제로, 안동국제탈춤페스티벌, 춘천국제마임축제, 평창효석문화제, 영동난계국악축제 등이다. 지역특산물 축제는 그 지역 고유의 특산물에 대한 우수성을 널리 홍보하고, 특산물 판매를 통한 지역 및 가계의 경제적 효과를 기대하는 축제며, 지역특산물을 매개로 한 문화프로그램과의 유기적 연관성이 중요한데 강진청자문화제, 파주장단콩축제 등이 있다. 지역테마형 축제는 지역의 자연과 생태, 지리적 또는 산업적 특성에 의하여 현대에 와서 새롭게 개발된 축제로 지방자치단체가 그 지역의 특색을 살려 얼마든지 새롭게 개발할 수 있다는 점과 관광객의 참여 기회와 호응도가 높다는 점에서 참신한 아이디어와 차별화된 프로그램이 요구된다. 보령머드축제, 김제지평선축제, 화천산천어축제 등이 대표적이다.

표 5-7 축제 분류

분류형태	종류	내용
프로그램 구성 형식	전통문화축제	제례의식, 전통예술 및 민속놀이 위주로 구성
	예술축제	문학, 미술, 음악, 무용, 연극 등 현대적인 전시예술 및 공연예술 위주
	종합축제	전통문화축제, 예술축제, 체육행사 및 오락 프로그램 등이 혼재
	기타축제	오락 프로그램 위주의 축제, 아가씨 선발대회 위주의 축제, 추모제사 등 단일 소재나 내용으로 구성
개최목적	주민화합축제	해당지역에서 전통적으로 개최되어 온 전통문화축제 시·군민의 날을 기념하여 벌이는 축제
	문화관광축제	관광산업 발전과 관광객 유치를 통한 지역경제 육성
	산업축제	농림축산업·어업·상업 등의 발전
	특수목적축제	환경 보호 또는 역사적 인물이나 사실을 추모하거나 재연

자료: 공윤주(1999)에서 재정리

⑥ 축제 현황

문화체육관광부가 집계한 2023년 지역 축제 개최 계획 자료는 2일 이상 지역주민, 지역단체, 지방정부가 개최하며, 불특정 다수인이 함께 참여하는 문화관광예술축제(문화관광축제, 특산물축제, 문화예술제, 일반축제 등) 중 국가에서 지원하고, 지자체에서 주최(주관)하는 축제, 지자체에서 경비 지원 또는 후원하는 축제, 민간에서 추진위를 구성하여 개최하는 축제, 문화체육관광부 지정 문화관광축제를 포함하면 총 1,129개에 이른다. 지역별로 서울 82개, 부산 54개, 대구 39개, 인천 42개, 광주 15개, 대전 19개, 울산 32개, 세종 8개, 경기 125개, 강원 118개, 충북 35개, 충남 101개, 전북 88개, 전남 100개, 경북 85개, 경남 142개, 제주 44개 등이다.

문화체육관광부가 지정하는 문화관광축제는 외국인 관광객 유치 확대를 통한 세계적 축제 육성과 지역관광 활성화를 기본 방향으로 전통문화와 독특한 주제를 배경으로 한 지역축제 중 관광 상품성이 큰 축제를 대상으로 1995년부터 해마다 지정, 지원, 육성하고 있다.

선정방법은 각 특별시·광역시 및 특별자치도에서 축제를 추천하면 관광·축제 등 관련 분야의 전문가들로 구성된 선정위원회에서 축제프로그램 등 콘텐츠, 축제 운영, 발전 가능성 등을 기준으로 선정하게 된다. 2020년 문화관광축제 심사·평가체계 개선으로 등급제로 인한 축제 간 과도한 경쟁을 지양하기 위해 문화관광축제 5등급제를 폐지하고, 지정 기간을 2년으로 하는 직접 재정지원 문화관광축제, 예비 문화관광축제로 지정체계를 개선하였다. 문화관광축제 지정 기준은 축제의 특성 및 콘텐츠, 축제의 운영 능력, 관광객 유치 효과 및 경제적 파급효과 등 3가지다.

표 5-8-1 **2024-2025년 문화관광축제 및 예비축제 목록**

구분	문화관광축제(25개)	명예 문화관광축제[1]	예비축제[2](20개)
서울			관악강감찬축제
부산	광안리어방축제		동래읍성역사축제, 부산국제록페스티벌
대구	대구치맥페스티벌		대구약령시한방문화축제
인천	인천펜타포트음악축제		소래포구축제
광주		추억의 충장축제	광주김치축제
대전			대전효문화뿌리축제
울산	울산옹기축제		태화강마두희축제
세종			세종축제
경기	수원화성문화제, 시흥갯골축제, 안성맞춤남사당바우덕이축제, 연천구석기축제, 화성뱃놀이축제		여주오곡나루축제, 부천국제만화축제
강원	강릉커피축제, 정선아리랑제, 평창송어축제	화천산천어축제, 평창효석문화제, 춘천마임축제	한탄강얼음트레킹축제
충북	음성품바축제	영동난계국악축제	괴산고추축제
충남	음성품바축제	보령머드축제, 천안흥타령축제, 금산인삼축제	서산해미읍성축제, 논산딸기축제
전북	순창장류축제, 임실N치즈축제, 진안홍삼축제	김제지평선축제, 무주반딧불축제,	장수한우랑사과랑축제
전남	보성다향대축제, 영암왕인문화축제, 정남진장흥물축제, 목포항구축제	진도신비의바닷길축제, 함평나비축제, 담양대나무축제	곡성세계장미축제
경북	포항국제불빛축제, 고령대가야축제	안동탈춤축제, 문경찻사발축제, 영주풍기인삼축제	청송사과축제
경남	밀양아리랑대축제	진주유등축제, 하동야생차문화축제, 산청한방약초축제, 통영한산대첩축제	김해분청도자기축제
제주			탐라문화제

1) 누적 재정지원 기간이 10년을 지나 지원 일몰된 축제들을 명예 문화관광축제로 지정하여 홍보마케팅 등으로 후속 지원
2) 광역지자체별 성장 잠재력을 가진 축제들을 예비 축제로 지정하여 2년간 지원 및 평가, '26~'27 문화관광축제 지정 심사 시 문화관광축제 진입 여부 결정

표 5-8-2 2020-2023 문화관광축제* 목록

구 분	문화관광축제(32개)	예비 문화관광축제(33개)	종료 문화관광축제(21개)
서울		한성백제문화제 관악강감찬축제	
부산(1개)	광안리어방축제	영도다리축제 동래읍성축제	
대구(2개)	대구약령시한방문화축제 대구치맥페스티벌	금호강바람소리길축제 수성못페스티벌	
인천(1개)	인천펜타포드음악축제	부평풍물대축제 소래포구축제	
광주(1개)	추억의충장축제	광주세계김치축제 영산강서창들녘억새축제	추억의충장축제 (2021년)
대전		대전사이언스페스티벌 대전효문화뿌리축제	
울산(1개)	울산옹기축제	울산쇠부리축제 울산고래축제	
세종		세종축제	
경기(5개)	연천구석기축제, 시흥갯골축제, 안성맞춤남사당바우덕이축제, 수원화성문화제, 여주오곡나루축제	부천국제만화축제 화성뱃놀이축제	이천쌀문화축제
강원(7개)	평창송어축제, 춘천마임축제, 평창효석문화제, 횡성한우축제, 강릉커피축제, 정선아리랑제, 원주다이내믹댄싱카니발	원주한지문화제 태백산눈축제	화천산천어축제*** 양양송이축제
충북(1개)	음성품바축제	지용제 괴산고추축제	영동난계국악축제
충남(2개)	한산모시문화제 서산해미읍성역사체험축제	강경젓갈축제 석장리세계구석기축제	보령머드축제*** 천안흥타령축제 금산인삼축제
전북(3개)	임실N치즈축제, 진안홍삼축제, 순창장류축제	부안마실축제 군산시간여행축제	김제지평선축제*** 무주반딧불축제 남원춘향제
전남(4개)	영암왕인문화축제 담양대나무축제 보성다향대축제 정남진장흥물축제	목포항구축제 곡성세계장미축제	진도신비의바닷길축제 함평나비축제 강진청자축제 담양대나무축제(2022년)

경북(3개)	포항국제불빛축제 봉화은어축제 청송사과축제	영덕대게축제 고령대가야축제	안동탈춤축제*** 문경찻사발축제 영주풍기인삼축제
경남(3개)	밀양아리랑대축제 통영한산대첩축제 산청한방약초축제	알프스하동섬진강문화 재첩축제 김해분청도자기축제	진주유등축제*** 하동야생차문화축제 산청한방약초축제
제주(1개)	제주들불축제	탐라국입춘굿축제 탐라문화제	

* 문화관광축제는 2년 단위 평가·지정제로 운영하나 2019년 코로나19 상황으로 2020-2021년 지정 문화관광축제 2023년까지 지정 유예

** 종료 문화관광축제는 문화관광축제 지정 일몰제(10년) 적용 축제로 신규 지정 제외

*** 명예(대표) 문화관광축제

자료: 문화체육관광부

제**6**장

산업관광

관광
자원론

Tourism Resources

산업관광

1. 산업관광의 개념과 분류를 이해하고 설명할 수 있다.
2. 농업관광, 어업관광, 임업관광, 공업관광의 사례를 설명할 수 있다.

① 산업관광 개념과 분류 및 특성

산업관광은 1851년 런던 만국박람회를 관광하는 형태로부터 시작되었다고 볼 수 있으며, 최신 공장을 견학하는 방식으로 시작된 현대적 의미의 산업관광은 1950년대 프랑스에서 자국 산업의 PR을 전개하기 위해 외국인의 산업시설 시찰의 편의를 제공하면서 본격화되었다.

산업관광은 농업, 공업, 수산업, 상업, 임업 등 국가 또는 지역의 산업시설을 대상으로 하는 관광으로 산업 분류, 시간, 참여 목적, 관광 활동 성격 등 관점에 따라 여러 가지로 분류할 수 있다. 대표적으로 산업 분류와 관광 활동 성격에 따른 분류를 살펴보면 다음 표와 같다.

표 6-1 산업관광 분류

산업 분류 방식	
유형	**내용**
농업관광(1차산업)	· 농업관광자원: 농장, 목장, 농원, 과수원, 주말농장 · 임업관광자원: 자연휴양림, 수목원 · 수산관광자원: 관광어촌, 갯벌체험관광
공업관광(2차산업)	제조업 기계설비, 제조공정, 공장부설연구소, 기업복지시설 -공업단지, 조선소, 제철소, 반도체공장, 자동차공장
상업관광(3차산업)	· 재래시장: 상설시장, 정기시장, 소매상가 · 백화점, 쇼핑센터, 면세점, 보세판매점, 박람회, 전시회
산업기반시설	공항, 항만, 댐, 운하, 고속도로
관광 활동 성격	
유형	**내용**
산업시찰	상용관광자가 선진기술, 생산시스템, 현대적 공업시설 등을 시찰할 목적으로 외국 또는 다른 지역을 방문하는 여행(Technical Visit)
공장 견학	업무 출장 여행이 아닌 관광 목적으로 공장 견학
기업 박물관	기업에서 운영하는 박물관을 관광 목적으로 방문
산업유산관광	과거 유력했던 산업의 공장, 설비, 창고 등과 철도, 항만, 운하 등을 관광
체험관광	농어촌체험, 과일 따기, 산나물 채취, 도예 만들기 등

자료: 한국문화관광연구원(2009)에서 저자 재정리

한국표준산업분류는 통계청에서 산업 관련 통계자료의 정확성, 비교성 등을 확보하기 위하여 작성한 것으로 1963년 3월에 경제활동 부문 중에서 광업과 제조업 부문에 대한 산업 분류를 제정하였고, 이듬해 4월에 제조업 이외 부문에 대한 산업 분류를 추가로 제정함으로써 우리나라의 표준산업분류 체계를 완성했다. 이렇게 제정된 한국표준산업분류는 유엔(UN)의 국제표준산업분류(1차 개정: 1958년)에 기초하여 작성했으며, 분류 구조는 산업활동이 결합되면 그 활동 단위의 주된 산업활동에 따라서 분류하며, 활동 단위는 대분류를 결정하고, 순차적으로 중, 소, 세, 세세분류 단계 항목을 결정한다. 분류 구조는 대분류(1자리, 영문대문자) 21개, 중분류(2자리 숫자) 77개, 소분류(3자리 숫자) 232개, 세분류(4자리 숫자) 495개, 세세분류(5자리 숫자) 1,196개로 총 5단계로 구성되어 있다. 관광과 관련된 사업은 N(사업지원 서비스업) 752(여행사 및 기타 여행보조 서비스업), 7521(여행사업), 75210(여행사업), 7529(기타 여행보조 및 예약 서비스업), 75290(기타 여행보조 및 예약 서비스업)이 해당한다.

표 6-2 제11차 한국표준산업분류

대분류와 중분류
A. 농업/임업/어업(1~3)
B. 광업(5~8)
C. 제조업(10~34)
D. 전기/가스/중기/공기 조절 공급업(35)
E. 수도/하수 및 폐기물 처리, 원료 재생업(36~39)
F. 건설업(41~42)
G. 도매 및 소매업(45~47)
H. 운수 및 창고업(49~52)
I. 숙박 및 음식점업(55~56)
J. 정보통신업(58~63)
K. 금융 및 보험업(64~66)
L. 부동산업(68)
M. 전문, 과학 및 기술 서비스업(70~73)
N. 사업시설 관리, 사업 지원 및 임대 서비스업(74~76)
O. 공공행정, 국방 및 사회보장 행정(84)
P. 교육 서비스업(85)
Q. 보건업및 사회복지 서비스업(90~91)
R. 예술, 스포츠 및 여가관련 서비스업(94~96)
S. 협회 및 단체, 수리 및 기타 개인 서비스업(94~96)
T. 가구 내 고용활동 및 달리 분류되지 않는 자가 소비 생산 활동(97~98)
U. 국제 및 외국기관(99)

자료: 통계청(2022)

산업관광은 기술과 지식 습득이 관광의 주된 내용이어야 하며, 각 분야의 선진국이 실시하는 특수관광으로 관광객의 지적 수준이 높으며, 순수관광객보다 체류 기간이 길다. 선진국이 후진국을 대상으로 판매하는 관광상품의 형태가 많으며, 성수기와 비수기를 구분하는 계절성과 관련이 없으나 관광 활동에 따른 위험성과 특수분야의 보안성 유지가 어

려울 수도 있다. 산업관광은 새로운 관광자원을 확충하며, 지역 경제 활력, 경쟁력 있는
상품을 개발할 수 있는 효과가 있다.

그림 6-1 **2021 산업관광지 12선**

자료: 한국관광공사

경기도는 2021년부터 산업관광지를 지정하고 활성화하고 있는데 2023년은 기술·과학
6곳, 식품제조·가공 16곳, 양조장 8곳, 한국문화 3곳, 재생산업 3곳, 공예산업 7곳, 농

업·농촌체험 15곳 등 총 58개를 지정하며 12개 산업관광지를 선정하여 관광컨설팅과 마케팅 툴을 제작하고 있다.

그림 6-2 경기도 산업관광 지도

자료: 경기관광공사

② 농업관광

농업은 작물 재배와 가축 사육하는 것으로 동식물을 키우고 가꾸어 식품용, 의료용, 문화용으로 쓰기 시작했다. 1996년 우리나라 식량 작업도를 살펴보면 쌀 92.3%, 보리 59%, 밀 0.67%, 두류 9.7% 등 총 식량 작업도는 25.6%로 1980년대의 반에 불과했다. 즉 쌀만은 자급에 가까울 만큼 생산하고 있는데, 이것마저 시장개방으로 위축될 염려가 있다. 이러한 위기 상황을 극복하기 위해 농림축산식품부와 한국농어촌공사는 낙후되고 살기 어려운 지역으로 인식되고 있는 농촌을 가고 싶고, 살고 싶고, 살기 좋은 농촌으로 승화시키는 브랜드로서 농촌의 새로운 가치 창출에 이바지하고, 다양한 이미지를 내포하기 위해서 우리 농촌의 우수한 여행지 1,175개소(농촌체험휴양마을, 민박, 맛집)의 계절별, 테마별 농촌여행 코스 추천 등의 다양한 여행 정보를 제공하고 체험, 교육, 숙박, 음식, 경관/서비스 등 5개 분야에 4개 등급으로 농촌관광사업을 결정하는데 2022년 기준 총 288건이 등록되어 있다.

1) 농업관광 개념

농업관광(Agricultural Tourism)은 농촌관광(Rural Tourism)과 혼용하기도 한다. 농장 체험, 목장 체험, 농산물 가공 체험, 농산물 판매, 농산물 수확, 농가와 목장 숙박, 농업 관련 축제나 박물관 견학 등을 포함한다. 농업관광은 농업과 농가라는 개념을 강하게 포함하는데 농가와 농장을 방문하는 관광객을 대상으로 농가가 숙박을 제공하며 농산물을 판매하거나, 농사 체험 활동을 가능하게 하는 등 일련의 농업과 관련되는 활동을 상품으로 제공하는 관광의 유형이다. 농업관광은 농촌의 지역개발, 환경보전, 도시민의 휴양지, 도시민과 농촌주민 간의 교류 장소 역할을 통해 소득증대 수단으로서 관광을 정책적으로 활용하는 것이다. 정부에서 지정하는 농촌체험휴양마을은 마을의 자연환경, 전통문화 등의 부존자원을 활용하여 도시민에게 생활 체험 · 휴양공간 프로그램을 제공하고 이와 함께 지역 농림수산물 등을 판매하거나 숙박 또는 음식 등을 제공하는 마을이다.

2) 농업관광 분류

농업관광은 법, 입지 유형, 개발 방식에 따라 3가지로 분류한다.

(1) 법에 따른 분류

법에 따른 분류는 「농어촌정비법 시행규칙」 [별표 3]에 따라 농어촌 관광휴양 사업의 규모와 시설 기준을 다음 표와 같이 정했다.

표 6-3 농어촌 관광휴양 사업 기준

유형	규모	시설 종류
농어촌 관광휴양단지	15,000m² 이상~100만m² 미만	농림어업전시관, 학습관, 지역특산물판매시설, 체육시설, 휴양시설, 기타시설
관광농원	100,000m² 미만	영농체험 시설, 지역특산물 판매시설, 체육시설, 휴양시설, 음식물 제공시설, 기타시설
농어촌민박	주택 연면적 230m² 미만	조직 제공시설, 소화기, 단독경보형 감지기, 휴대용 비상조명등, 유도 표지, 완강기 등

(2) 입지 유형에 따른 분류

입지 유형에 따른 분류는 산촌, 농촌, 어촌 등으로 구분한다.

표 6-4 입지 유형에 따른 분류

입지유형	유형별 특성
산촌·촌락형	· 산촌 지역의 산간벽지, 산촌과 광산촌 대상 · 고원지대에서 고랭지 채소와 산채와 약초 등의 채취와 판매 · 관광목장, 관광농장, 삼림욕장 등
농촌마을형	· 도시근교 지역 농촌 마을 단위 대상 · 도시근교 지역 농촌 마을에서 채소류와 과일류 등의 재배와 판매 · 관광과수원, 관광농원, 주말농장, 관광화원, 내수면 양어장 등
해안·어촌형	· 해안 및 도서 지역 어촌 대상 · 해안과 도서 지역에서 해초류, 어패류, 조개류 등의 채취와 판매 · 연안어업, 내수면어업 등

(3) 개발 방식에 따른 분류

「농어촌정비법 시행규칙」 [별표 3]에 따라 농어촌 관광휴양단지 등을 어떤 개발 방식으로 개발하느냐에 따라 민관합동, 공공주도, 민간주도 등으로 구분한다.

표 6-5 개방 방식에 따른 분류

유형	특성
민관합동 개발형	· 공공기관과 민간사업자에 의한 합동식 개발 방식 · 지방자치단체, 농협, 수협, 축협, 민간사업자로 제3섹터 구성 · '민'의 자본력, '관'의 행정력을 최대한 활용
공공 주도 개발형	· 공공기관이 주체가 되어 추진하는 공공개발 방식 · 지방자치단체, 농어촌진흥공사, 농협, 수협, 축협 등 공공기관 · 사업의 공익성과 수익성을 동시에 추구하는 사업
민간 주도 개발형	· 민간개발 사업자가 독자적으로 추진하는 민간개발 방식 · 기업체, 토지소유자, 개인 등 민간사업자가 사업추진 · 개발사업비의 지원, 농어촌지역의 균형개발 촉진

3) 농업관광 입지

농업관광 입지는 위치, 접근, 연계, 시장 등 4가지로 구분해서 설명할 수 있다.

표 6-6 농업관광 입지

요인	내용
위치	· 자연경관과 주변 지역 조화 · 주변 지역에 관광농업시설, 마을과 인접, 근거리 위치 · 휴식과 편의 제공 시설, 충분한 여유 공간
접근	· 자가용 이용 편리한 지역 · 버스, 기차 등 대중교통 이용 시에도 접근이 용이(인프라 구축)
연계	· 근거리에 관광지, 역사·문화 자원, 자연경관, 인공 자원, 특수 자원 등 관광자원 분포, 이들 관광자원과 유기적 연결 가능한 지역
시장	· 대중교통 이용하여 1시간 이내 거리로 30~50km 이내 적정 규모 배후도시가 있는 도시 근교지

4) 농업관광 시설

농업관광과 관련된 시설은 관광농원, 관광식물원, 낚시터, 판매, 체험, 전시저장, 숙박, 휴양, 운동, 조리, 기반 시설 등 다양한 시설이 있으며 상세한 내용은 다음 표와 같다.

표 6-7 **농업관광 시설**

유형	종류
농업관광	약초농원, 과수농원, 관광목장, 관광식물원(온실 포함), 낚시터, 분재원, 비닐하우스(유리), 유기농 농장
판매	특산물판매장, 직판장, 어류전시 판매장, 수족관 등
체험	체험농장(재배, 수확), 농산가공실, 목공예실, 죽세공예실, 도예실습 등
전시저장	양어장, 농산물집하장, 저장고, 창고, 사육장, 농림어업전시관, 민속자료관, 영농체험학습관 등
숙박	농촌 콘도미니엄, 호텔, 펜션, 여관, 민박, 방갈로, 야영장, 오토캠핑장
휴양	관리사무소, 낚시터, 원두막, 파고라, 연못, 식당, 수영장, 음수대, 공중화장실, 삼림욕장 등
운동	다목적운동장, 테니스장, 어린이놀이터, 등산로, 사이클링 코스, 골프연습장, 다목적광장, 눈썰매장 등
조리	취사장, 야외 바베큐장, 전통향토음식 조리실, 과일채취 조리실, 과일주 가공제조실, 약초채취 조제실 등
기반	진입도로, 전기, 통신시설, 상·하수도 시설, 가로등, 오물처리장, 정화조, 조경시설, 냉장 시설, 주차장 등

5) 농업관광 효과

농업관광은 고용 창출, 환경 보호, 새로운 관광자원 개발, 지역관광 개발, 교육 등 다양한 효과가 있으며, 조금 더 확장할 필요가 있다. 농업관광 활성화는 농촌다워야 하고 지역 특색을 살려야 한다. 관광농원의 경영기법 보급과 경영자 교육 등의 지원이 필요하며, 농촌관광으로 인한 쓰레기 방치 등 부작용 예방을 위한 지속적인 캠페인을 실행해야 한다. 도시민과의 자매결연을 통한 농업관광 활성화에 정부와 지자체의 일관성 있는 정책과 관심이 절실하며, 농업관광 촉진을 위해 5일장 활성화도 필요하다.

| 그림 6-3 | 신평 양조장 |

| 표 6-8 | 신평 양조장 프로그램 |

프로그램		내용	소요시간	금액(1인당)
시음 관람	막걸리 시음과 전시관 관람	신평양조장 제품 시음과 전시시설 관람	10분 이내	무료
양조 체험	막걸리(단양주) 빚기	전통주 강의, 막걸리 빚기, 제품 시음(본인이 빚은 막걸리 가져가기)	2시간	25,000원
	명예 막걸리 소믈리에 과정	한국막걸리협회 회장 인증 명예 막걸리 소믈리에 자격증 수여	2시간	25,000원
	증류주 (전통소주) 내리기	증류주 강의, 소주 내리기 체험(직접 내린 소주 병입해서 가져가기)	3시간	45,000원
	누룩전, 쿠키 만들기	신평양조장에서만 맛볼 수 있는 쌀누룩과 견과류, 꿀을 넣어 빚는 누룩전 만들기	90분	25,000원

* 운영시간: 10시~16시, 15인 이상 단체 가능

자료: 신평양조장 홈페이지(https://www.koreansul.co.kr)

③ 어업관광

어업관광은 어촌관광과 같은 의미로 사용한다는 전제 조건으로 개념을 정립하고자 한다.

어업관광은 생활공간이자 '어업'이라는 생산 활동 공간인 어촌의 모습을 유지하면서 어촌주민들이 어촌과 바다의 다양한 자연 자원과 인문 자원을 활용하여 이루어지는 관광으로, 소득을 창출하는 모든 활동을 의미한다(한국해양수산개발원, 2008). 도시민의 관광·레저 수요를 어촌지역으로 유치하여 도시민의 관광 욕구를 충족, 어촌 유휴 노동력의 고용 기회 창출과 어민의 어업 외 소득증대 도모 및 지역경제 활성화를 촉진하고자 해양수산부에서 어촌체험휴양마을 조성하고 있다. 2023년 현재 전국에서 114건이 등록되어 있다.

바다여행(https://www.seantour.com)은 전국 어촌 체험 마을 소개, 체험 프로그램, 먹거리, 잠자리, 특산물 등 관련 정보를 종합 제공하는 등 어업인의 어촌관광 홍보 창구 역할을 수행하고 있으며, 해수욕장, 해양레저체험, 유람선, 바닷길 여행 정보, 바다낚시, 섬, 등대 등 다양한 해양관광 정보를 신뢰도 높게 제공하여 국민의 휴식 공간으로써 바다를 재조명하고 어촌과 바다로의 여행 활성화를 도모하고 있다. 어촌 체험 휴양마을은 바다낚시, 해변 산책, 해안 경관 감상, 모래찜질, 해수욕 등의 관광 활동은 물론 패류 채취와 시식, 조업 체험, 갯벌 체험, 어선 승선 체험, 김과 미역 등 양식장 체험 등을 제공한다.

그림 6-4 **염전 체험**

자료: 경기도

④ 임업관광

임업관광은 산림관광과 같은 의미로 해석한다. 산림관광은 주로 산과 숲을 방문지로 한 관광으로 산림휴양과 경관 자원, 자연휴양림, 산림욕장, 치유의 숲, 숲속 야영장, 산림 레포츠시설 등 산림휴양시설의 방문과 이용을 포함한 관광이다.

문화체육관광부와 한국관광공사가 선정한 2023~2024 한국관광 100선에 산림관광지 6곳이 선택됐다. 인제 원대리 자작나무숲, 서울숲, 국립세종수목원, 대전 한밭수목원, 순천만 국가정원, 울산 태화강 국가정원 등이다. 2015년 국가정원으로 지정된 순천만 국가정원은 6회 연속 선정되었으며, 2019년 지정된 울산 태화강 국가정원은 올해로 네 번째 선정이다. 순천만과 태화강은 국가정원으로 지정되면서 산림청이 정원관리 예산을 지원하고 있다. 올해로 다섯 번째 선정된 인제 원대리 자작나무숲은 국유림 조림지로 2017년 탐방로와 주차장 등을 설치하여 매년 30만 명 이상이 찾는 대표적인 치유 여행코스로 자리매김하고 있다.

그림 6-5 산림관광지

인제 원대리 자작나무숲

서울숲

국립세종수목원   대전 한빛수목원

순천만 국가정원   울산 태화강 국가정원

자료: 산림청

산림관광의 대표 시설은 한국산림복지진흥원에서 운영하는 산림복지시설이 있는데 자연휴양림, 산림욕장, 치유의 숲, 숲길, 유아숲체험원, 산림교육센터 등이다. 자연휴양림은 관광객의 정서 함양, 보건 휴양 및 산림교육 등을 위하여 조성한 산림이며, 산림청은 "도시지역이나 도시 근교 등의 유치권이나 시간적·공간적 거리와 관계없이 자원이 가지는 휴양가치의 우수성에 의해 결정되는 녹지 유형"이라고 정의했다. 이용자 지향형 도시공원이나 유원지와는 대립적인 입지 특성을 가지며 이용자에게 다양한 경험의 제공을 위한 접근성을 전제하므로 일반 산림이 갖는 폐쇄성보다는 다소 유연한 개방성을 갖는 중간 형태다. 산림욕장은 도시민들이 많이 이용하는 도시 근교에 있는 산림 안에 산책로, 자연관찰로, 탐방로, 간이 체육시설 등 산림욕과 체력단련에 필요한 기본시설을 조성하여 둔 곳이다.

표 6-9 자연휴양림 운영 이용 현황

(단위: 개소, 천 명)

구분			2016	2017	2018	2019	2020	2021
산림휴양 시설 현황	총계	합계	359	361	369	379	392	399
		중앙정부	41	42	43	43	44	46
		지자체	295	295	303	313	324	329
		개인	23	23	23	23	24	24
	자연 휴양림	합계	165	166	170	175	181	186
		중앙정부	41	42	43	43	44	46
		지자체	101	101	104	109	113	116
		개인	23	23	23	23	24	24
	산림욕장	합계	194	195	199	204	211	213
		지자체	194	195	199	204	211	213
산림휴양 시설 이용자 현황	자연 휴양림	합계	15,240	16,713	15,331	15,989	10,430	14,007
		중앙정부	4,241	4,353	4,571	4,657	3,061	3,644
		지자체	9,646	10,308	9,675	10,286	6,708	9,438
		개인	1,353	2,052	1,085	1,046	661	925

자료: 산림청 임업통계연보

⑤ 공업관광

1) 공업관광 개념과 특성

공업은 원료를 인력 또는 기계력으로 가공하여 유용한 물자를 만드는 산업으로, 1900년대까지는 주로 가내공업이었으나 기계의 발달에 따라 대규모 전환되었다. 제조업, 건설업 등이 해당한다. 우리나라 공업 발달 과정은 1960년대는 풍부한 노동력을 바탕으로 가발, 신발, 섬유 등과 같은 경공업이 발달했고, 1970~1980년대는 항구, 고속국도, 철도 등을 건설하는 기간 산업이 활발하게 이루어졌는데, 이를 바탕으로 선박, 자동차, 철강 등 중화학공업 눈부시게 발전했다. 1990년대 이후에는 반도체, 정보통신(IT)과 같은 첨단산업이 우리나라 수출을 주도했다.

공업관광은 시설과 경영이 모범적으로 운영되고 있는 공장을 관광의 대상으로 선정하여 관광코스에 포함하여 공장의 기계설비, 제조공정, 공장부설기술연구소, 종업원 교육 및 복지 설비 등을 관광함으로써 기업의 경영과 기술을 배우는 기회로 삼는다.

우리나라 산업관광자원 중에서도 주류를 차지하며, 공업관광은 학생 단체관광이 많다. 방문국의 산업 수준을 이해시키는 관광으로 효과가 크기 때문에 정책적으로 배려하고 있으며, 국제무역, 경제협력을 증진하는 중요한 전기를 마련하게 된다. 즉 투자 동기를 유발하는 계기가 된다.

2) 공업관광 사례

현대자동차는 울산공장, 아산공장, 전주공장에서 기업과 학교 등의 단체견학만 신청할 수 있다. 기아자동차는 광명, 화성, 광주광역시 Auto Land에서 교육기관 또는 관공서 정식 단체로 1일 2회(오전 9시, 오후 13시)며, 견학코스는 홍보관 30분, 생산라인 30분 등 약 1시간 걸린다. 현대자동차가 운영하는 현대모터스튜디오는 고양, 서울, 하남, 부산, 베이징, 모스크바, 인도네시아 자카르타 스나얀 파크 등 7곳을 운영하고 있다. 체험, 차량, 아트 등 전시, 시승, 모빌리티 워크샵, 키즈 워크샵, 시승, 마스터 토크, 원데이 클래스 등 다양한 프로그램을 운영하고 있다.

그림 6-6 **현대모터스튜디오 고양**

자료: 현대모터스튜디오 홈페이지(https://motorstudio.hyundai.com)

제**7**장

위락관광

제**7**장

위락관광

학습목표

1. 위락관광의 개념을 이해하여 골프장, 스키장, 테마파크, 카지노 현황을 설명할 수 있다.

① 위락관광 개념

위락은 인간이 일을 떠나서 놀이나 즐거운 행위 또는 휴식을 함으로써 몸과 마음 등을 총체적으로 회복시킨다는 개념으로, 일에서 벗어나 인간을 쉬게 하고, 일을 위해 인간이 다시 회복될 수 있는 활동을 말한다. 최근 관광산업은 수요보다는 높은 삶의 질을 추구하는 방향으로 고급화, 다양화를 추구하며, 급속한 산업화와 도시화로 여러 형태의 위락관광상품을 경쟁적으로 개발하고 있다. 주5일 근무와 생활 수준이 향상되는 선진사회에서 실내외 활동이 증가하므로 위락관광 시설 또한 많이 요구된다. 놀이 시설을 관리하기 위한 관리시설과 방호시설이 있고, 이용시설로서 교통수단과 주차장을 비롯한 교통과 운수시설, 숙박시설, 화장실을 비롯한 세면실 등의 위생시설, 교육시설, 스포츠와 놀이를 즐길 수 있는 운동시설 등이 대표적인 위락관광자원이다.

② 골프장

1) 정의

골프는 코스 위에 정지(靜止)해 있는 공(골프공)을 지팡이같이 생긴 클럽(골프채)으로 쳐서 코스상의 18홀(hole), 혹은 그 이상의 홀에 넣고, 그때까지 소요된 타수(打數)가 많고 적음에 따라서 우열을 판정하는 경기다.

2) 역사

골프 기원은 스코틀랜드 고유의 것으로 보는 설과 네덜란드에서 미국으로 건너간 것이라고 보는 설이 있다. 19세기 후반에 영국으로부터 대서양을 건너 미국으로 전파된 것은 확실하다.

3) 골프장과 이용객 현황

우리나라 골프장 이용객 수는 2019년 4,170만 명을 기록하며 처음 4,000만 명을 넘어선 지 불과 2년 만에 2021년 총 5,056만 명을 기록하며 5,000만 명 고지를 돌파했다. 하지만 2022년에는 전년 대비 0.0%의 증가세를 보이며, 보합세를 나타냈다. 코로나19 사태 이후 큰 호황을 누리던 골프장 업계에 정체기가 왔음을 확인시켜 주는 수치다(https://www.golfjournal.co.kr).

표 7-1 우리나라 골프장 수와 이용객 현황

기준	비회원제	회원제	합계
2022년	359개소 33,784,329명	155개소 16,799,051명	543개소 50,583,380명
2021년	348개소 33,573,716명	157개소 16,992,820명	505개소 50,566,536명
2012년	210개소 11,527,495명	227개소 17,077,672명	437개소 28,605,167명
2011년	187개소 10,120,096명	223개소 16,784,857명	410개소 26,904,953명
2010년	169개소 9,152,665명	213개소 16,572,739명	382개소 25,725,404명
2009년	146개소 8,968,885명	193개소 16,940,101명	339개소 25,908,986명
2008년	128개소 7,419,866명	182개소 14,923,213명	310개소 23,982,666명

자료: 한국골프장경영협회

표 7-2 우리나라 지역별 골프장 현황

구분	지역	서울	부산	대구	인천	대전	광주	울산	세종	경기	강원	충북	충남	전북	전남	경북	경남	제주
합계	549	0	9	2	10	4	4	4	3	162	66	41	28	28	47	50	46	45
회원	250	0	6	1	3	1	1	2	1	85	30	19	10	6	16	21	22	26
비회원	299	0	3	1	7	3	3	2	2	77	36	22	18	22	31	29	24	19

자료: 한국골프장경영협회

권역별 골프장 수를 비교해 보면 수도권이 총 172개(회원제 72개, 비회원제 100개)로 가장 많은 수를 기록했으며, 그다음은 영남권(114개), 충청권(75개), 호남권(74개), 강원권(67개), 제주권(41개) 순으로 나타났다. 모든 권역이 회원제 골프장보다 대중제 골프장이 더 많았으며, 타 권역에 비해 회원제 골프장의 비중이 큰 곳은 제주권과 수도권이었다(https://www.golfjournal.co.kr).

③ 스키장

1) 개념

스키장은 기후 여건상 눈이 많이 내리는 고지대에 있으며, 스키를 탈 수 있는 슬로프 외에 숙박시설과 휴식 공간, 식당, 오락시설, 의료시설 등을 갖추고 있는 것이 일반적이다. 과거는 자연설에만 의존하였으나, 최근에는 눈이 오지 않는 상황을 대비하여 인공 제설 기계를 갖추고 있어 눈이 오지 않더라도 스키를 즐길 수 있다. 스키는 눈 위로 달리거나 물건을 옮기는 데 사용되는 도구로써, 두 개의 발판을 눈보라를 날리며 눈밭을 미끄러지는 속도감을 매력으로 하는 겨울의 대표적인 레저스포츠다. 스키가 널리 보급되고 대중스포츠로서 인기가 있는 이유는 단체경기가 아니고 개인이라는 점에서 규정에 구애받지 않고 누구나 단기간에 쉽게 터득할 수 있으며 도구가 간단하여 조립하거나 고장 우려가 거의 없기 때문이다. 또한 스키는 스피드, 묘기, 스릴을 추구하는 젊은이들에게 인기가 좋다. 스키는 분야별로 노르딕, 알파인, 산악 등 3가지로 구분한다.

노르딕은 평지와 얕은 구릉을 걸어서 옮겨 다니는 크로스컨트리 형태며, 알파인은 스키장에서 보는 가장 보편적인 다운힐 스키다. 앞뒤 모두 바인딩으로 고정되어 있어 걸어 다닐 수는 없지만, 급경사 활강은 조절이 가능하다. 산악은 높은 산을 스키를 신고 올랐다가 활강으로 내려오는 스키다.

2) 지역별 스키장 현황

스키장은 계절 특성상 주로 수도권과 강원권에 집중돼 있다. 강원도 10개, 경기도 6개 그 밖에 중부지방에 3개가 있다.

표 7-3 **지역별 스키장 현황**

위치	리조트	특성
강원권 (10개소)	용평리조트	· 대기업 진출이 두드러지며 입지 열세를 시설 규모의 대형화로 만회 · 강원권 스키 리조트가 국내 시장의 판도를 주도, 휘닉스파크와 비발디파크가 입장객 수에서 용평리조트 앞섬 · 알프스리조트는 긴 역사에도 불구하고 경영난으로 경쟁대열에서 추락 · 영동고속도로 확장개통으로 일일권 스키어들의 방문 급증
	알프스리조트	
	비발디파크	
	휘닉스파크	
	웰리힐리파크	
	엘리시안강촌	
	한솔오크밸리	
	하이원리조트	
	오무리조트	
	알펜시아	
경기권 (6개소)	양지파인	· 서울 근교형은 대부분 우수한 지리적 위치 의존, 시설 투자 규모는 작음 · 이용객 수, 매출 면에서 강원권에 비해 떨어짐(1/2 정도) · 강원권 대규모 리조트 개발 전 호황을 누렸으나 현재는 2~3개 스키리조트가 심각한 경영압박을 받고 있음 · 강원권 스키장에 대항하여 슬로프 확장과 최신 기종의 리프트 및 제설장비 교체를 통해 규모를 확장하는 추세 · 강원권에 비해 직장인들로부터 주중이나 야간스키의 선호도가 높은 편
	스타힐	
	베어스타운	
	서울스키장	
	지산포레스트	
	곤지암리조트	

중부권 (3개소)	사조리조트	· 사조리조트는 경영주 교체와 사업 지연으로 경쟁대열에서 밀리고 있음
	덕유산리조트	· 덕유산리조트는 지역 내 수요, 서울경기권, 영남충청권 수요를 모두 흡수하여 시장 점유율이 가장 높음
	에덴밸리	

3) 스키장 시설 기준과 특징

스키장은 대규모 토지가 필요하고, 시설과 장치산업의 성격을 가진다. 비교적 고가의 장비를 갖춰야 하며, 스키는 우리나라에서 봄, 여름, 가을에는 불가하며 동계(12~2월) 시즌에 알맞은 레저활동이다.

표 7-4 스키장 시설 기준

구분	내용
운동시설	슬로프 길이 300m 이상, 폭 30m 이상, 평균 경사도 7° 이하인 초보자용 슬로프 1면 이상 설치, 슬로프 이용에 필요한 리프트 설치
안전시설	· 슬로프 이용자를 위한 안전시설(안전망, 안전매트) 설치 · 구급차와 긴급 구조에 사용할 수 있는 설상차 1대 이상 · 정전 시 안전관리에 필요한 전력공급장치
관리시설	절토지(땅깎기 지역)와 성토지(흙쌓기 지역) 경사면에 조경해야 함

자료: 체육시설의 설치·이용에 관한 법률 시행규칙 [별표 4] 체육시설업의 시설 기준

④ 테마파크

1) 테마파크 정의

테마파크는 1884년 미국 뉴욕의 코니아일랜드(Coney Island)에 최초의 현대판 롤러코스터(Roller Coaster)가 등장한 것이 유래다. 특정 주제를 중심으로 한 일상적인 공간창조를 목적으로 시설과 운영이 배타적이면서도 통일적으로 이루어지는 위락공원(amusement park)으로 정의하고 있다. 좁은 의미로는 디즈니랜드 형태의 '주제화된 위락공원'(themed amusement park)이며, 넓은 의미로는 '주제를 가진 공원'(themed park)으로 환상, 과학, 민

속, 놀이, 과거 또는 미래 등 여러 가지 주제를 강조하는 인공 레저시설을 갖춘 공원을 말한다.

2) 테마파크 특성

테마파크는 전체를 통합하는 주제, 테마에 기초한 문화적 색채와 정보가 전개되기 때문에 내용의 폭이 넓고 생각의 깊이가 있으며, 차별화된 개성, 즐겁고 인상적이며, 감동적으로 체험할 수 있는 방식이 많다. 사전에 방문객들에게 이미지를 주고, 동기와 선택성을 부여하여, 매력적인 유희 장치나 이벤트와 더불어 상품도매업, 음식업 등을 포함한 형태로 복합시설을 추구한다.

3) 테마파크 분류

테마파크는 공원의 공간성, 주제의 유사성, 연출 기법과 형태 등 3가지로 분류할 수 있다. 공원의 공간성은 자연공간과 도시공간, 테마형과 활동형으로 나누어 4가지로 구분한다. 「자연공간×테마형」은 동물, 식물, 어류, 정원 등의 공원, 「자연공간×활동형」은 리조트, 바다, 고원, 산, 온천 등의 공원, 「도시공간×테마형」은 산업, 과학, 풍속, 구조물 등의 공원, 「도시공간×활동형」은 스포츠, 재미, 오락, 건강, 예술 등의 공원이다. 테마의 유사성 분류는 비슷한 성격을 가진 주제들이 복합된 형태로 분류에 따라 몇 가지 연출 기법으로 표현한다. 구체적인 사례는 다음 표와 같다.

표 7-5 주제의 유사성에 의한 분류

주제	테마파크	내용
민속	· 한국민속촌 · 안동 하회마을 · 폴리네시안 빌리지	민가와 민속, 공예, 예능을 종합 연출하여 시대와 지역 환경, 건축 등을 재현해 민속적, 문화정보 전시, 공예, 예능 실연, 식음시설 등을 운영
역사	· 평창 이효석문화예술촌 · 완도 장보고기념관 · 통영 이순신공원	고대 전설, 문학작품, 문화유산 등에서 테마 설정하고 이에 얽힌 이야기 전개. 테마는 역사적 사실과 인물에 중점을 두고 환경과 상황을 재현해 나가며 구성. 지역에 밀착된 소재가 많고 사실과 가설의 조화를 적절히 혼합

생물	· 국립생태원 · 롯데월드아쿠아리움 · 싱가포르 주롱새공원 · 홍콩 오션파크	동물, 조류, 곤충 등을 테마로 하기도 하며 본래의 생활환경을 재현해 동물의 생태를 보여준다. 어류, 펭귄, 물개, 돌고래 등 바다 생물 테마는 전시 중심으로 정보, 컬렉션, 동물쇼 등으로 구성
지역산업	· 파주장단콩웰빙마루 · 이천 도자기마을 예스파크 · 금산 인삼테마파크	지역특산 농수산물 또는 산업제품 생산과 제조공정 재현, 체험, 정보전시 등
예술	· 남양주 서울종합촬영소 · 강원 고성 피움테마파크 · 유니버셜 스튜디오	영화는 세트장을 적극적으로 활용, 명화의 한 장면을 어트랙션으로 재현, 영화 정보의 전시, 로케 현장 등을 종합적으로 구성. 미술과 음악 테마는 야외갤러리 정원, 음악 스튜디오 또는 이벤트홀 등 구성
놀이	· 캐리비언베이 · 오션월드 · 에버랜드 · 롯데월드 어드벤처	레저풀을 테마로 한 워터파크는 파도풀, 유수풀, 슬라이더풀 등 다양한 물놀이 시설과 어뮤즈먼트 기종의 놀이 자체를 테마화함
판타스틱 창조물	· 레고랜드 · 디즈니랜드 매직킹덤	캐릭터를 테마로 동화, 애니메이션에 등장하는 캐릭터들 중심의 스토리 일부 재현
과학	· 포천 어메이징파크 · 케네디스페이스센터	우주, 과학 등 현대 과학기술의 발달 역사를 주제로 정보와 과학 체험 공간

자료: 여행신문(https://www.traveltimes.co.kr)에서 저자 재정리

전개되는 연출 기법과 형태에 따른 테마파크 분류는 「환경 재현형」, 「정보전시형」, 「문화관광형」, 「자연공원형」, 「이벤트형」, 「체험 시뮬레이션형」 등으로 분류할 수 있다.

⑤ 카지노

1) 카지노 개념

카지노는 '작은 집'이라는 뜻의 이탈리아어 카자(casa)가 어원이고, 르네상스 시대 귀족들이 소유하였던 사교, 오락용의 별관으로 사용했다. 처음은 대중적 사교장이었으며, 오늘날은 해변, 온천지, 휴양지 등에 있는 일반 옥내 도박장이었다. 나라에 따라 과세, 관광시설, 외화획득의 목적으로 개설을 공인한 곳도 있다. 역사적으로는 왕국의 재원을 충당

하기 위해 18~19세기에 유럽 각지에서 개설되기 시작하였는데, 독일과 오스트리아에서 활발했으며, 귀족계급의 몰락이나 악덕의 온상 등의 이유로 잇따라 금지했다.

미국에서도 서부 개척기 이래 도박이 활발했으나, 카지노라고 하게 될 만큼 시설을 선보인 것은 19세기 중엽부터 남북전쟁 때까지 미시시피강에 있는 200여 척의 호화판 도박선이었다. 19세기 말에는 뉴올리언스에서 과세 목적으로 공식 개설이 허용되었다. 미국에서 개설을 허용하고 있는 주(州)는 네바다주, 뉴저지주, 노스다코타주며, 네바다주 라스베이거스, 리노에는 20여 개의 카지노가 있다.

1861년 개설된 모나코공국의 몬테카를로, 1931년 공인된 미 네바다주 라스베이거스가 세계적으로 유명하다. 아시아에서는 마카오가 1964년 도박이 합법화된 이후 카지노가 마카오 제1의 산업으로 성장했다. 지역분포를 보면 전체 70% 이상이 미국, 영국 등 선진국에 있으며, 특히 미국은 668개 카지노장을 보유해 전 세계 35.9%를 차지하고 있다.

카지노 게임 종류는 10여 종 이상으로 많으나 나라별, 지역별 카지노마다 행해지는 게임은 조금씩 다르며, 국내 최초 내국인이 출입할 수 있는 강원랜드는 블랙잭, 룰렛, 빅휠, 바카라, 다이사이 등 테이블 게임과 슬롯머신이다. 카지노 산업의 파급효과는 타 산업에 비하여 월등히 높게 나타나며, 지역경제를 일으켜 막대한 외화를 벌어들이는 성장동력산업이다.

2) 카지노 특성

카지노 산업의 특성은 인적, 물적 서비스에 대한 의존성이 높고, 연중무휴로 운영하며, 외국인 관광객을 위한 게임 장소의 제공과 오락시설을 제공하여 다른 산업보다 고용효과가 매우 높다. 경제적 파급효과가 크며, 자연관광 자원의 한계성을 극복할 수 있고, 주변 국가의 환경변화에 민감하다. 자연관광 자원 개발의 한계를 극복할 수 있고, 경제적 파급효과는 다른 산업에 비해 높다. 외래관광객의 1인당 소비액을 늘리고 체재 기간을 연장할 수 있으며, 카지노 고객은 호텔 수익 기여도가 매우 높고, 숙박, 음식, 쇼핑 등 유관 산업의 생산과 부가가치를 창출한다.

우리나라 현행법은 내국인의 카지노 출입을 금지하고 있으나, 「폐광지역 개발 지원에 관한 특별법」에 따라 우리나라에서 유일하게 내국인 출입이 가능한 카지노를 강원랜드가 운영하고 있다. 폐광 지역의 카지노 정책은 철저한 관리와 제도적 장치 마련을 위해 카지노 관련 법규를 강력하게 강화하며 카지노 수익금을 사회복지, 교육환경 등을 위해서 탄광 지역에 환원해야 한다. 가족 단위의 테마파크, 레저시설, 체험시설 등 대규모 복합 관광레저 단지를 조성하고, 카지노가 관광산업의 중요한 축이 되도록 캠페인을 계속 실천하며, 카지노 운영의 투명성을 위해 적법성과 감사 등을 통해 기업을 공개해야 한다.

관광진흥법에 따른 카지노 게임 종류는 룰렛(Roulette)(RO), 블랙잭(Blackjack)(BJ), 다이스(Dice, Craps), 포커(Poker)(PO), 바카라(Baccarat)(BA), 다이사이(Tai Sai)(TS), 키노(Keno), 빅휠(Big Wheel)(BW), 빠이 까우(Pai Cow), 판탄(Fan Tan), 조커 세븐(Joker Seven), 라운드 크랩스(Round Craps), 트란타 콰란타(Trent Et Quarante), 프렌치 볼(French Boule), 차카락(Chuck-A-Luck), 슬롯머신(Slot Machine), 비디오게임(Video Game), 빙고(Bingo), 마작(Mahjong)(MA), 카지노워(Casino War)(CW) 등 총 20개다.

그림 7-1 **강원랜드**

자료: 대한민국 역사박물관

표 7-6 국내 카지노업체 현황

시·도	업 체 명 (법 인 명)	허가일	운영형태 (등급)	대표자	종사원 수 (명)	'23 매출액 (백만 원)	'23 입장객 (명)	허가 면적(㎡)
서울	파라다이스카지노 워커힐점 【(주)파라다이스】	'68.03.05	임대 (5성)	최성욱 최종환	968	354,482	423,304	2,694.23
	세븐럭카지노 강남코엑스점 【그랜드코리아레저(주)】	'05.01.28	임대 (컨벤션)	김영산	893	192,143	262,789	2,158.32
	세븐럭카지노 서울드래곤 시티점 【그랜드코리아레저(주)】	'05.01.28	임대 (5성)	김영산	525	151,683	397,984	2,137.20
부산	세븐럭카지노 부산롯데점 【그랜드코리아레저(주)】	'05.01.28	임대 (5성)	김영산	337	53,524	129,052	1,583.73
	파라다이스카지노 부산지점 【(주)파라다이스】	'78.10.29	임대 (5성)	최성욱 최종환	265	46,199	78,186	1,483.66
인천	파라다이스카지노 (파라다이스시티) 【(주)파라다이스세가사미】	'67.08.10	직영 (5성)	최종환	852	329,132	298,076	8,726.80
	인스파이어 카지노 (인스파이어) 【(주)인스파이어 인티그레 이티드 리조트】	'24.01.23	직영 (5성)	첸시	1,063	–	–	14,372.00
강원	알펜시아카지노 【(주)지바스】	'80.12.09	임대 (5성)	박주언	5	0	73	632.69
대구	호텔인터불고대구카지노 【(주)골든크라운】	'79.04.11	임대 (5성)	안위수	154	21,965	70,376	1,485.24
제주	공즈카지노 【길상창휘(유)】	'75.10.15	임대 (5성)	쭈씨 앙보	65	1,188	4,129	1,604.84
	파라다이스카지노 제주지점 【(주)파라다이스】	'90.09.01	임대 (5성)	최성욱 최종환	187	14,810	47,327	1,159.92
	세븐스타카지노 【(주)청해】	'91.07.31	임대 (5성)	박성철	170	25,888	17,926	1,175.85
	제주오리엔탈카지노 【(주)건하】	'90.11.06	임대 (5성)	박성호	50	2,149	5,885	865.25
	드림타워카지노 (제주드림타워) 【(주)엘티엔터테인먼트】	'85.04.11	임대 (5성)	김한준	742	189,691	266,864	5,529.63

	제주썬카지노 【(주)지앤엘】	'90.09.01	직영 (5성)	이성열	63	727	6,237	1,509.12
	랜딩카지노(제주신화월드) 【람정엔터테인먼트코리아(주)】	'90.09.01	임대 (5성)	홍재성	311	23,263	58,169	5,641.10
	메가럭카지노 【(주)메가럭】	'95.12.28	임대 (5성)	이근배	33	203	707	1,347.72
13개 법인, 17개 영업장(외국인 전용)			직영: 3 임대: 14	–	6,683	1,407,047	2,067,084	54,107.3
강원	강원랜드카지노 (하이원리조트) 【(주)강원랜드】	'00.10.12	직영 (5성)	이삼걸	2,077	1,320,219	2,413,082	15,481.19
14개 법인, 18개 영업장(내·외국인)			직영: 4 임대: 14	–	8,760	2,727,266	4,480,166	69,588.49

※ 매출액: 관광기금 부과 대상 매출액 기준
※ 종사원 수(2024년 4월 기준): 정규직 외 계약직 등 전체 인원 기준이며 종사원 수는 수시 변동함
 – 워커힐카지노에 본사 인원 포함/세븐럭카지노 강남코엑스점에 본사 및 마케팅 인원 포함
 – 파라다이스시티, 인스파이어카지노, 드림타워카지노, 랜딩카지노는 복합리조트 중 카지노 인원 기준
 – 강원랜드카지노는 복합리조트 중 카지노(영업·영업기타) 인원 기준

자료: 문화체육관광부(2024년 4월 기준)

제8장

관광명소

관광
자원론

Tourism Resources

제**8**장

관광명소

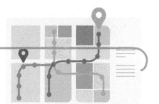

학습목표

1. 관광지, 관광단지, 관광특구를 이해하고 현황을 설명할 수 있다.
2. 관광의별, 관광100선, 테마여행10선 현황을 이해할 수 있다.

① 관광지

1) 관광지 개념과 현황

관광지는 자연적 또는 문화적 관광자원을 갖추고 관광객을 위한 기본적인 편의시설을 설치하는 지역으로서 관광진흥법에 의해 지정된 곳이며, 시장·군수·구청장이 신청하면 특별시장·광역시장·도지사가 지정한다. 2024년 5월 31일 기준 현재 전국 12개 시도에 225개소가 지정되어 있다.

표 8-1 **관광지 지정 현황**

시·도	지정개소	관 광 지 명
부산	5	기장도예촌, 용호씨사이드, 금련산 청소년수련원, 태종대, 해운대
인천	2	마니산, 서포리
대구	2	비슬산, 화원
경기	14	대성, 산장, 수동, 장흥, 용문산, 신륵사, 한탄강, 공릉, 임진각, 내리, 백운계곡, 산정호수, 소요산, 궁평

시·도	지정개소	관 광 지 명
강 원	42	호반, 구곡폭포, 청평사, 간현, 옥계, 주문진, 연곡, 등명, 대관령 어흘리, 무릉계곡, 망상, 추암, 구문소, 속초해수욕장, 척산온천, 장호, 맹방, 삼척해수욕장, 초당, 팔봉산, 홍천온천, 어답산, 유현문화, 고씨동굴, 영월온천, 마차탄광문화촌, 미탄마하생태, 화암, 아우라지, 고석정, 직탕, 광덕계곡, 후곡약수터, 내설악 용대, 방동약수터, 스피디움, 송지호, 삼포 문암, 화진포, 오색, 지경, 통일전망대 생태안보교육
충 북	22	세계무술공원, 충온온천, 능암온천, 충주호체험, 교리, 능강, 금월봉, 계산, 제천온천, 만남의 광장, 성내, 속리산레저, 구병산, 장계, 송호, 다리안, 수옥정, 괴강, 무극, 천동, 레인보우힐 링, 온달
충 남	23	천안종합휴양, 태조산, 곰나루, 마곡사, 마곡온천, 공주문화, 대천해수욕장, 무창포해수욕장, 죽도, 아산온천, 간월도, 삽교호, 왜목마을, 난지도, 구드레, 서동요역사, 금강하구둑, 춘장대해 수욕장, 칠갑산도립온천, 예당, 덕산온천, 만리포해수욕장, 안면도
전 북	21	석정온천, 금강호, 은파, 김제온천, 벽골제, 남원, 모항, 변산해수욕장, 위도, 모악산, 금마, 미 륵사지, 왕궁보석테마, 웅포, 사선대, 오수의견, 방화동, 내장산리조트, 백제가요정읍사, 마이 산회봉온천, 운일암반일암
전 남	27	대구면도요지, 곡성 도림사, 지리산온천, 나주호, 담양호, 회산연꽃방죽, 율포해수욕장, 한국차 소리 문화공원, 불갑사, 성기동, 마한문화, 영산호 쌀문화 테마공원, 신지명사십리, 장성호, 홍 길동테마파크, 정남진우산도, 녹진, 아리랑마을, 해신장보고, 회동, 사포, 땅끝, 우수영, 도곡온 천, 운주사, 화순온천, 대광해수욕장
경 북	32	경산온천, 고령부례, 문경온천, 문경상리, 오전약수, 다덕약수, 경천대, 문장대온천, 회상나루, 안동하회, 예안현, 고래불, 장사해수욕장, 선바위, 문수, 부석사, 영주순흥, 풍기온천, 치산, 포 리, 예천삼강, 개척사, 울릉도, 백암온천, 성류굴, 의성탑산온천, 신화랑, 청도온천, 청도용암온 천, 주왕산, 가산산성, 호미곶
경 남	21	거가대교, 장목, 가조, 수승대, 당항포, 송정, 표충사, 실안, 금서, 전통한방휴양, 중산, 벽계, 오 목내, 부곡온천, 마금산온천, 도남, 묵계, 농월정, 미숭산, 합천보조댐, 합천호
제 주	14	제주남원, 돈내코, 수망, 미천굴, 토산, 표선, 곽지, 제주상상나라탐라공화국, 김녕해수욕장, 돌 문화공원, 봉개휴양림, 용머리, 함덕 해안, 협재 해안
합 계	225	전체 관광지 면적 합계 : 120,227,204㎡

자료: 문화체육관광부(2024)

② 관광단지

1) 관광단지 개념과 현황

　관광단지는 관광산업의 진흥을 촉진하고 관광객의 다양한 관광과 휴양을 위하여 각종 관광시설을 종합적으로 개발하는 관광거점지역으로서 관광진흥법에 의하여 지정된 곳이며, 관광지와 마찬가지로 시장·군수·구청장이 신청하면 특별시장·광역시장·도지사가 지정한다. 2024년 5월 31일 기준 현재 50개소가 지정되어 있다.

표 8-2 관광단지 지정 현황

자치단체		명칭	위치	지정면적 (㎡)	사업시행자	단지지정	조성계획
부산	기장군	오시리아	부산광역시 기장군 기장읍 당사리 542	3,662,486	부산도시공사	'05.03.	'22.12.
인천	강화군	강화종합리조트	인천광역시 강화군 길상면 선두리 산281-1번지 일원	652,369	㈜해강개발	'12.07.	'20.01.
광주	광산구	어등산	광주광역시 광산구 운수동 500	2,736,219	광주광역시도시공사	'06.01.	'19.12.
울산 (2)	북구	강동	울산광역시 북구 정자동 산 35-2	1,367,240	울산 북구	'09.11.	'20.04.
	울주군	울산 알프스	울산광역시 울주군 삼동면 조일리 산25-1번지 일원	1,499,978	-	'24.03.	미수립
경기 (2)	안성시	안성 죽산	안성시 죽산면 당목리 129	1,352,312	㈜송백개발 ㈜서해종합건설	'16.10.	'22.10.
	평택시	평택호	평택시 현덕면 권관리 301-1	663,013	평택도시공사	'77.03.	'20.02.
강원 (16)	고성군 (2)	델피노골프앤리조트	고성군 토성면 원암리 474-2	900,018	㈜대명레저산업	'12.05.	'20.10.
		고성 켄싱턴 설악밸리	고성군 토성면 신평리 471-60번지 일원	849,114	㈜이랜드파크	'23.02.	'23.02.
	속초시	설악한화리조트	속초시 장사동 24-1	1,332,578	한화호텔앤드리조트㈜	'10.08.	'21.06.
	양양군	양양국제공항	양양군 손양면 동호리 496-4	2,730,219	㈜새서울레저	'15.12.	'20.12.

자치단체		명 칭	위 치	지정면적 (㎡)	사업시행자	단지지정	조성계획
	원주 시 (3)	원주 오크 밸리	원주시 지정면 월송리 1061	11,349,949	한솔개발㈜	'95.03.	'23.03.
		원주 더 네 이처	원주시 문막읍 궁촌리 산121	1,444,086	경안개발㈜	'15.01.	'22.10.
		원주 루첸	원주시 문막읍 비두리 산 239-1	2,644,254	㈜지프러스	'17.04.	'22.04.
	춘천 시 (2)	라비에벨	춘천시 동산면 조양리 산163, 홍천군 북방면 전치곡리 산1	4,843,796	㈜코오롱글 로벌	'09.09.	'17.10.
		신영	춘천시 동산면 군자리 산224	1,695,993	㈜신영종합 개발	'10.02.	'20.12.
	평창 군 (3)	휘닉스파크	평창군 봉평면 면온리 1095-1	4,233,039	㈜휘닉스중앙	'98.10.	'18.12.
		평창 용평	평창군 대관령면 용산리 130	16,219,204	㈜용평리조트	'01.02.	'19.04.
		대관령 알펜 시아	평창군 대관령면 용산리 425	4,836,966	강원도개발 공사	'05.09.	'06.04.
	홍천 군 (2)	비발디파크	홍천군 서면 팔봉리 1290-14	7,052,479	㈜소노인터내 셔널	'08.11.	'22.09.
		홍천 샤인 데일	홍천군 서면 동막리 650번 지 일원	2,421,331	–	'24.01.	미수립
	횡성 군 (2)	웰리힐리 파크	횡성군 둔내면 두원리 204	4,830,709	㈜신안종합리 조트	'05.06.	'20.11.
		드림마운틴	횡성군 서원면 석화리 산 261-1	1,796,574	케이앤드씨	'16.03.	'20.12.
경북 (6)	경주 시 (4)	보문	경주시 보문로 446	8,515,243	경북관광공사	'75.04.	'20.11.
		감포해양	경주시 감포읍 동해안로 1748	1,804,215	경북관광공사	'93.12.	'19.02.
		마우나오션	경주시 양남면 동남로 982	6,419,256	㈜엠오디	'94.03.	'20.12.
		북경주 웰 니스	경주시 안강읍 검단장골길 181-17	809,797	㈜월성종합 개발	'21.07.	미수립
	김천 시	김천 온천	김천시 부항면 부항로 1679-15	1,424,423	㈜우촌개발	'96.03.	'05.01.
	안동 시	안동문화	안동시 관광단지로 346-69	1,655,181	경북관광공사	'03.12.	'20.05.

자치단체		명칭	위치	지정면적 (㎡)	사업시행자	단지지정	조성계획
경남 (3)	거제 시	거제 남부	경남 거제시 남부면 탑포리 산24-11	3,693,875	㈜경동건설	'19.05.	미수립
	창원 시(2)	창원 구산 해양	창원시 마산합포구 구산면 구 복길 52-78	2,842,634	창원시장	'11.04.	'15.03.
		웅동복합 레저	경남 창원시 진해구 제덕동 898-1	2,101,234	창원시장, 경남 개발공사	'12.02.	'18.09.
전북	남원 시	드래곤	전북 남원시 대산면 옥율리 산131	795,133	신한레저주식 회사	'18.09.	'20.06.
전남 (5)	여수 시 (3)	여수 화양	여수시 화양면 화양로 470-14	9,873,525	에이치제이매 그놀리아 용평 디오션호텔앤 리조트	'03.10.	'20.12.
		여수경도 해양	여수시 대경도길 111	2,152,973	와이케이디벨 롭먼트	'09.12.	'20.10.
		여수챌린지 파크	전남 여수시 화양면 나진리 산333-2	510,424	여수챌린지파 크관광(수)	'19.05.	'19.05.
	진도 군	진도 대명리 조트	진도군 의신면 송군길 31-28	559,089	소노호텔앤리 조트	'16.12.	'19.11.
	해남 군	해남 오시 아노	해남군 화원면 한주광로 201	5,073,425	한국관광공사	'92.09.	'21.11.
충북	증평 군	증평 에듀팜 특구	충북 증평군 도안면 연촌리 산59-21	2,622,825	블렉스톤에듀 팜리조트	'17.12.	'20.08.
충남 (3)	부여 군	백제문화	부여군 규암면 백제문로 374	3,024,905	㈜호텔롯데	'15.01.	'18.02.
	천안 시	골드힐카운 티리조트	천안시 입장면 기로리 8-6번 지 일원	1,692,980	㈜버드우드	'11.12.	'22.06.
	보령 시	원산도 대명 리조트	보령시 원산도리 산219-2	966,748	㈜소노인터내 셔널	'22.11.	'22.11.
제주 (8)	서귀 포시 (5)	중문	서귀포시 색달동 2864-36	3,200,925	한국관광공사	'71.01.	'20.12.
		성산포해양	서귀포시 성산읍 고성리 127-2	746,939	휘닉스중앙 제주	'06.01.	'20.10.
		신화역사 공원	서귀포시 안덕면 서광리 산 35-7	3,985,601	제주국제자유 도시개발센터	'06.12.	'21.01.
		제주헬스케 어타운	서귀포시 동홍동 2032	1,539,339	제주국제자유 도시개발센터	'09.12.	'19.10.
		록인제주	서귀포시 표선면 가시리 600	523,766	㈜록인제주	'13.12.	'22.12.

자치단체	명 칭	위 치	지정면적 (㎡)	사업시행자	단지지정	조성계획
제주시 (3)	애월국제문화복합단지	제주시 애월읍 어음리 산 70-11	587,726	이랜드테마파크제주	'18.05.	'19.07.
	프로젝트 ECO	제주 제주시 봉성리 산35	696,932	㈜제주대동	'18.05.	'22.12.
	묘산봉	제주 제주시 구좌읍 김녕리 5160-1	4,221,984	㈜제이제이한라	'20.01.	'20.01.
	50개		153,155,023			

자료: 문화체육관광부(2024)

표 8-3 관광지와 관광단지 구분 기준

구분	종류	기준
가. 공공편익시설	화장실, 주차장, 전기시설, 통신시설, 상하수도시설 또는 관광안내소	각 시설이 관광객이 이용하기에 충분할 것
나. 숙박시설	관광호텔, 수상관광호텔, 한국전통호텔, 가족호텔 또는 휴양콘도미니엄	관광숙박업의 등록기준
다. 운동·오락시설	골프장, 스키장, 요트장, 조정장, 카누장, 빙상장, 자동차경주장, 승마장, 종합체육시설, 경마장, 경륜장 또는 경정장	「체육시설의 설치·이용에 관한 법률」 제10조에 따른 등록체육시설업의 등록기준, 「한국마사회법 시행령」 제5조에 따른 시설·설비기준 또는 「경륜·경정법 시행령」 제5조에 따른 시설·설비기준
라. 휴양·문화시설	민속촌, 해수욕장, 수렵장, 동물원, 식물원, 수족관, 온천장, 동굴자원, 수영장, 농어촌휴양시설, 산림휴양시설, 박물관, 미술관, 활공장, 자동차야영장, 관광유람선 또는 종합유원시설	관광객이용시설업 등록기준 또는 유원시설업 설비기준
마. 접객시설	관광공연장, 외국인전용관광기념품판매점, 관광유흥음식점, 관광극장유흥업점, 외국인전용유흥음식점, 관광식당 등	관광객이용시설업 등록기준 또는 관광편의시설업 지정기준
바. 지원시설	관광종사자 전용숙소, 관광종사자연수시설, 물류·유통 시설	관광단지의 관리·운영 및 기능 활성화를 위해서 필요한 시설

자료: 관광진흥법

184

관광지는 공공편익시설을 갖춘 지역으로 숙박시설, 운동·오락시설, 휴양·문화시설, 접객시설, 지원시설 등은 임의다. 관광단지는 공공편익시설을 갖추고, 숙박시설 중 1종 이상의 필요한 시설과 운동·오락시설 또는 휴양·문화시설 중 1종 이상의 필요한 시설을 갖춘 지역으로서 총면적이 50만 제곱미터 이상인 지역이며, 접객시설과 지원시설은 임의다.

③ 관광특구

1) 관광특구 개념과 현황

관광특구는 외국인 관광객의 유치 촉진 등을 위하여 관광 활동과 관련된 관계 법령의 적용이 배제되거나 완화되고, 관광 활동과 관련된 서비스 안내 체계와 홍보 등 관광 여건을 집중적으로 조성할 필요가 있는 지역으로 관광진흥법에 의하여 지정된 곳이며, 시장·군수·구청장이 신청하면 특별시장·광역시장·도지사가 지정한다. 2024년 현재 13개 시도에 34개소가 지정되어 있다. 관광특구 지정 조건은 최근 1년간 외국인 관광객의 수 10만 명(서울특별시 50만 명) 이상, 관광안내시설, 공공편익시설 및 숙박시설 등이 갖추어져 외국인 관광객의 관광 수요를 충족시킬 수 있는 지역, 임야·농지·공업 용지 또는 택지 등 관광 활동과 직접적인 관련성이 없는 토지의 비율이 10%를 초과하지 않을 것 등 3가지를 갖춰야 한다.

표 8-4 관광특구 지정 현황

지역	특구명	지역	면적(㎢)	지정일
서울(7)	명동·남대문·북창	명동, 회현동, 소공동, 무교동, 다동 각 일부지역	0.87	'20.03.30
	이태원	용산구 이태원동, 한남동 일원	0.38	'19.09.29
	동대문 패션타운	중구 광희동, 을지로5~7가, 신당1동 일원	0.58	'02.05.23
	종로·청계	종로구 종로1가~6가, 서린동, 관철동, 관수동, 예지동 일원, 창신동 일부 지역 (광화문 빌딩~숭인동 4거리)	0.54	'06.03.30
	잠실	송파구 잠실동, 신천동, 석촌동, 송파동, 방이동	2.31	'12.03.15
	강남	강남구 삼성동 무역센터 일대	0.19	'14.12.18
	홍대 문화예술	마포구 홍대 일대 (서교동, 동고동, 합정동, 상수동 일원)	1.13	'21.12.02.
부산(2)	해운대	해운대구 우동, 중동, 송정동, 재송동 일원	6.22	'94.08.31
	용두산·자갈치	중구 부평동, 광복동, 남포동 전 지역, 중앙동, 동광동, 대청동, 보수동 일부	1.08	'08.05.14
인천(1)	월미	중구 신포동, 연안동, 신흥동, 북성동, 동인천동 일원	3	'01.06.26
대전(1)	유성	유성구 봉명동, 구암동, 장대동, 궁동, 어은동, 도룡동	5.86	'94.08.31
경기(5)	동두천	동두천시 중앙동, 보산동, 소요동 일원	0.4	'97.01.18
	평택시 송탄	평택시 서정동, 신장1·2동, 지산동, 송북동 일원	0.49	'97.05.30
	고양	고양시 일산 서구, 동구 일부 지역	3.94	'15.08.06
	수원 화성	경기도 수원시 팔달구, 장안구 일대	1.83	'16.01.15
	통일동산	경기도 파주시 탄현면 성동리, 법흥리 일원	3.01	'19.04.30
강원(2)	설악	속초시, 고성군 및 양양군 일부 지역	138.2	'94.08.31
	대관령	강릉시, 동해시, 평창군, 횡성군 일원	428.3	'97.01.18
충북(3)	수안보온천	충주시 수안보면 온천리, 안보리 일원	9.22	'97.01.18
	속리산	보은군 내속리면 사내리, 상판리, 중판리, 갈목리 일원	43.75	'97.01.18
	단양	단양군 단양읍, 매포읍 일원(2개읍 5개리)	4.45	'05.12.30
충남(2)	아산시온천	아산시 음봉면 신수리 일원	3.71	'97.01.18
	보령해수욕장	보령시 신흑동, 웅천읍 독산, 관당리, 남포면 월전리 일원	2.52	'97.01.18
전북(2)	무주 구천동	무주군 설천면, 무풍면	7.61	'97.01.18
	정읍 내장산	정읍시 내장지구, 용산지구	3.45	'97.01.18
전남(2)	구례	구례군 토지면, 마산면, 광의면, 산동면 일부	78.02	'97.01.18
	목포	북항, 유달산, 원도심, 삼학도, 갓바위, 평화광장 일원	6.9	'07.09.28

지역	특구명	지역	면적(㎢)	지정일
경북(4)	경주시	경주 시내지구, 보문지구, 불국지구	32.65	'94.08.31
	백암온천	울진군 온정면 소태리 일원	1.74	'97.01.18
	문경	문경시 문경읍, 가은읍, 마성면, 농암면 일원	1.85	'10.01.18
	포항 영일만	영일대해수욕장, 해안도로, 환호공원, 송도해수욕장, 송도송림, 운하관, 포항운하, 죽도시장, 시내 실개천 일대	2.41	'19.08.12
경남(2)	부곡온천	창녕군 부곡면 거문리, 사창리 일원	4.82	'97.01.18
	미륵도	통영시 미수1·2동, 봉평동, 도남동, 산양읍 일원	32.9	'97.01.18
제주(1)	제주도	세수도 선역 (부속 노서 세외)	1,809.56	'94.08.31
13개 시도 34개소		-	2,643.89	

자료: 문화체육관광부(2024)

특별자치시장·특별자치도지사·시장·군수·구청장은 관할 구역 내 관광특구를 방문하는 외국인 관광객의 유치 촉진 등을 위하여 관광특구진흥계획을 수립하고 시행해야 하는데, 그 내용은 외국인 관광객을 위한 관광편의시설 개선, 특색 있고 다양한 축제, 행사, 홍보, 관광객 유치를 위한 제도개선, 관광특구 중심으로 주변 지역과 연계한 관광코스 개발, 관광 질서 확립과 관광서비스 개선 등 관광객 유치 등에 관한 사항이다. 또한, 5년마다 그 타당성을 검토하고 진흥계획의 변경 등 필요한 조치를 해야 하는데, 범죄예방 계획과 바가지요금, 퇴폐행위, 호객행위 근절 대책, 관광불편신고센터 운영계획, 관광특구 안의 접객시설 등 관련 시설 종사원에 대한 교육계획, 외국인 관광객을 위한 토산품 등 관광상품 개발·육성 계획 등에 관한 내용이다.

시·도지사는 관광특구를 정기적으로 평가하고 그에 따른 조치를 해야 한다. 연 1회 평가, 관광 관련 학계·기관 및 단체 전문가, 지역주민, 관광 관련 업계 종사자가 포함된 평가단을 구성하여 평가하며, 평가 결과를 평가가 끝난 날부터 1개월 이내에 문화체육관광부 장관에게 보고해야 한다. 평가 결과에 따른 조치는 관광특구 지정 요건 3년 연속 미달하여 개선될 여지가 없다고 판단하면 관광특구 지정을 취소하며, 진흥계획 추진실적이 미흡한 관광특구는 개선 권고 3회 이상 이행하지 아니하면 지정 취소하며 지정 면적의 조정 또는 투자, 사업계획 등의 개선 사항을 권고할 수 있다.

④ 한국관광의 별

한국 관광 발전에 이바지한 개인과 단체를 발굴하고 우수한 국내 관광자원을 알리기 위한 '한국관광의 별'은 문화체육관광부와 한국관광공사에서 2010년 처음 제정했다. 한국인이라면 한 번은 꼭 만나야 할 여행지, 지역의 손길을 통해 새롭게 변신한 여행지, 모두가 행복하게 관광할 수 있도록 기울인 여행지뿐 아니라, 국내는 물론 해외에서도 관광한국을 널리 알리는 데 공헌한 사람들이 모두 찬란한 한국 관광의 별이다. 2010년부터 2018년까지는 자연자원, 문화자원, 전통자원, 열린자원, 숙박, 쇼핑, 음식, 스마트정보, 공로자, 지자체, 기업 등 다양한 부문으로 지정했으나 2019년부터는 본상과 특별상으로 구분하였다.

지자체, 전문가, 국민 등이 추천한 후보지 중에서 혁신과 도전을 비롯해 한국문화(K-Culture)와의 융합을 통해 관광매력을 발산하고 대한민국 관광산업을 획기적으로 전진시킨 관광자원 7개 분야 8가지를 선정했다. 선정 과정에서 국민 자신이 한 해 동안 사랑하고 좋아한 관광지를 후보로 추천할 수 있는 국민추천제를 도입해 선정한다.

표 8-5-1 **2023 한국관광의 별**

분야	수상	사진	요약 소개
올해의 관광지	경주 대릉원, 동궁과 월지		대릉원은 경주에 산재해 있는 고분군 중 가장 큰 규모로 30기의 능이 솟아 있는 경주에서 가장 큰 고분군임. 경주의 대표적인 야간 명소로 각광받고 있으며. 하루 평균 4만여 명이 대릉원 일원을 방문하고 있음. 대릉원에서 도보 10분 거리에 위치한 '동궁과 월지'는 낮시간보다 야간시간대 방문객이 압도적으로 많은 경주의 대표적인 야간관광 명소임
무장애 관광지	평창 발왕산 천년 주목숲길		무장애 데크길 2.4㎞를 조성, 2022년 6월 준공되었으며 관광약자들도 발왕산 관광케이블카를 이용하여 숲길을 편안하게 걷고 산림자원을 즐길 수 있음. 2022년 방문객 수는 61만 명으로 집계되었음

분야	수상	사진	요약 소개
신규 관광지	포항 스페이스 워크		"철의 도시 포항"의 고유성과 특수성을 살린 국내 최초·최대(트랙길이 333m, 최대높이 57m, 철제계단 717개)의 체험형 Steel 트랙 조형물 "스페이스 워크(SPACE WALK)"를 환호공원(기존 관광지)에 조성해 관광객이 조형물(철 트랙)에 포함되어 걸으며 공간(우주)를 유영하는 특별한 경험을 체험할 수 있음. 방문객 수 '22년 114만 명, '23년 7월까지 56만 명으로 집계됨
지속 가능 프로 그램	임실 치즈 테마파크		스위스 아펜젤의 초원을 모티브로 조성해, 광활히 펼쳐진 푸른 잔디밭과 유럽풍의 건물들로 관광객들에게 이국적인 경관을 제공함. 치즈·피자 체험 프로그램, 서바이벌 체험 프로그램, 4D영상관 체험이 가능함. 2022년 기준 총방문객 수 2백만여 명으로 집계됨
올해의 관광 기관 사업체	강진군 문화 관광재단		지역 인구소멸 대응 체류형 생활관광 프로그램인 '강진에서 일주일 살기', 주민주도 지역 관광 활성화 사업인 '조만간 프로젝트(지역민 마당극)', '오감통통 광역시티투어' 및 야간 관광 활성화 프로그램인 '강진 나이트 드림' 등의 사업을 추진함. 사업운영 기간(2020~2023년) 동안의 농가 직접소득 창출효과는 약 11억 원, 간접효과는 89억 원으로 추정됨
관광 브랜드 마케팅	Play, Work, Live Busan		부산관광에 대한 일관된 디자인과 메시지 전달을 위해 브랜드 개발 및 가이드라인 구축. 부산 프렌즈 활용 홍보 콘텐츠 제작 및 SNS 홍보 등을 통한 브랜드 홍보, 브랜드 활용 광고영상 프로모션, 브랜드 활용 마케팅 소재(리플릿, 굿즈, 스티커, 기념품 등) 제작, 팝업스토어 및 해외 부산관광 설명회 등을 실시함
방송 미디어	동네 한바퀴		동네 골목골목을 걸으며 도시의 노포, 오래된 명소, 동네의 역사, 동네토박이와 명물들을 소개. 2023년에는 포항 스페이스 워크 및 죽도시장, 북한산 국립공원과 둘레길 등 많은 국내 명소와 먹거리 등이 소개되고, 소개지역 지도도 게시되어 가보고 싶은 공감을 일으키고 여행참여를 자극함 * 출연자: 이만기, 강부자/ * 방송사/방송일시: KBS 1TV/토요일 19:10

분야	수상	사진	요약 소개
기여자	배우 이정재		한국관광 명예홍보대사 겸 2023~2024 한국 방문의 해 홍보대사, 2023 부산 세계 엑스포 홍보대사로 활동하고 있음. 최근 출연한 한국 관광 홍보영상 'K-관광 챌린지 코리아'는 유튜브 합산 조회 수 5억 3천만 뷰를 돌파하며 한국 관광의 다양한 매력을 알리는 데 기여함

자료: 문화체육관광부(2023)

표 8-5-2 **2022 한국관광의 별**

분야	관광지	사진	개요
본상①	순천만 국가정원 (전남 순천)		세계 5대 연안습지 중 하나인 순천만에 조성된 대한민국 최초 국가정원으로, 세계적 정원 디자이너 찰스 젱스가 조성한 '호수정원'을 비롯한 56가지 테마정원, 예술가 강익중 작가의 꿈의 다리, 야생 동물원 등 다양한 볼거리가 풍경과 어우러지는 곳
본상②	해운대 그린레일 웨이&해변열차 (부산 해운대)		2013년 폐선된 동해남부선 부지를 재활용해 해운대 절경을 바라보는 9.8km의 산책로 '그린 레일웨이' 개발. 일부 구간에는 해안선을 따라 바다를 조망할 수 있는 해변열차를 운영해 색다른 정취를 느낄 수 있어 인기를 얻고 있음
본상③	연곡해변 솔향기 캠핑장 (강원 강릉)		누구나 이용 제약받지 않도록 디자인된 이동 동선, 화장실(샤워장) 시설 개선, 장애인 이용 가능 데크, 카라반 설치 등 무장애관광 인프라를 확충하고, 촉각, 음성 안내판을 설치해 누구나 편안하게 캠핑 문화를 즐길 수 있도록 조성
본상④	한탄강 물윗길 & 주상절리길 (강원 철원)		한탄강 유네스코 세계지질공원에 위치, 물윗길은 가을, 겨울, 봄 동안 한탄강의 뛰어난 자연경관을 즐길 수 있으며, 주상절리길은 절벽을 따라 걸으며 상공에서 협곡과 다채로운 바위를 감상하는 스릴감으로 인기

분야	관광지	사진	개요
특별상 (방송)	이상한 변호사 우영우 (드라마)		전 세계에 인기리 방영된 드라마로, 경남 창원시 동부마을 '팽나무', 수원시 '우영우김밥집', 제주도, 김포시 등 주요 촬영지와 고래 연관 관광지 울산 장생포 등이 인기명소로 급부상하여 지역관광에 활기를 불어넣고, 프랑스 칸에서 열린 세계 방송영상 콘텐츠 마켓 밉컴(MIP-COM)에 초청받으며 K-콘텐츠 저력 증명
특별상 (공로)	손흥민 (축구선수)		'22년 영국 프리미어리그 득점왕 수상 등 한국인 축구선수로서 세계적 인지도를 보유하고 있는 스포츠 스타. '21년부터 현재까지 한국관광 명예홍보대사직을 수행하며, 글로벌 한국관광 홍보영상 촬영과 토트넘 홋스퍼 방한투어 동참, 평소 동료, 팬들에게 한식 등 한국문화·관광을 적극 소개하여 한국관광 홍보에 이바지
특별상 (관광사업체)	와우미탄 협동조합 (강원 평창)		청년 문화관광사업체, 미탄면의 자연 청정자원과 농특산물을 활용해 차박캠핑, 트레킹, 수상레저, 토종다래 체험 등 색다른 관광상품 개발, 운영하여 지역의 새로운 가치를 발굴하고 지역관광 활성화에 기여
특별상 (관광사업체)	홍성 DMO (충남 홍성)		지역민, 사업체, 기관 등 다양한 주체가 협의체를 구성, 지역관광 현안 논의, 해결. 교육프로그램 '머물러'로 지역관광가이드 육성하고 지역 여행정보 안내소 '터-무늬'를 설치하는 등 지역관광 활성화를 위해 지역이 주도적으로 추진하고 있음. 환경 친화적인 차박 캠핑장 조성 등 관광객과 지역이 상생할 수 있는 협업사례 도출

자료: 문화체육관광부(2022)

그림 8-1 역대 한국관광의 별

2021년 한국관광의 별

본상

서귀포 치유의 숲
제주 서귀포
그 자체의 매력이 뛰어난 관광지

킹카누나루터
강원 춘천
약자들을 위한 배려가 충분한 관광지

수원화성 야간관광
경기 수원
리모델링, 신규 콘텐츠와 서비스 등
으로 새로운 매력을 창출한 관광지

신안 퍼플섬
전남 신안
리모델링, 신규 콘텐츠와 서비스 등
으로 새로운 매력을 창출한 관광지

특별상

9.81 파크
제주 제주시
잠재력이 뛰어난 신규 관광자원

황동혁 감독
넷플릭스 시리즈 〈오징어게임〉
한국관광 활성화에 기여

충청남도 서산시 오지 어촌계
Feel the Rhythm of korea 시즌 2
서산 머드맥스편
한국관광활성화에 기여

하동주민공정여행 놀루와(협)
환경적·사회적으로 지속가능성이 높은
관광지 또는 관광 사업체 및
관광 프로그램

2019

- **본 상** : 만천하 스카이워크
  태화강 국가정원
  낙안읍성
  정남진 편백숲 우드랜드

- **특별상** : 빛의 벙커
  어서와 한국은 처음이지
  EXO

2020

- **본 상** : 익산 미륵사지
  양양 서피비치
  인천 개항장 거리
  청풍호반케이블카

- **특별상** : 영월와이파크(술샘박물관)

2017

- **자연자원 부문** : 춘천 남이섬
- **문화자원 부문** : 군산 시간여행마을
- **전통자원 부문** : 안성 남사당놀이
- **열린자원 부문** : 경기광주 화담숲
- **융복합관광자원부문** : 광명동굴
- **숙박 부문** : 남원예촌 전통한옥 체험관
- **쇼핑 부문** : 대구 서문시장
- **음식 부문** : 담양 음식테마거리
- **스마트정보 부문** : 전북투어패스
- **공로자 부문** : 박보검
- **지자체 부문** : 경북 고령군(최우수)
- **기업 부문** : 한국 IBM(대) / ㈜씨디에스(중소)

2018

- **자연자원 부문** : 울릉도&독도
- **문화자원 부문** : 고성 DMZ
- **전통자원 부문** : 진도 토요민속여행 공연
- **열린자원 부문** : 보성 제암산 자연휴양림
- **숙박 부문** : 공주 한옥마을
- **쇼핑 부문** : 광주 대인예술시장
- **음식 부문** : 대구 안지랑곱창골목&앞산카페거리
- **스마트정보 부문** : 비짓 서울(Visit Seoul)
- **공로자 부문** : 박서준
- **지자체 부문** : 전남 여수시

2015

- **자연자원 부문** : 문경세재 도립공원
- **문화자원 부문** : 남산 N서울타워
- **전통자원 부문** : 수원화성 무예브랜드 공연 " 무무화평"(무예24기)
- **열린자원 부문** : 경주 보문관광단지
- **융복합관광자원 부문** : 유네스코 세계지질공원 활용 지역밀착형 창조관광
- **숙박 부문** : 영주 무섬마을 전통한옥
- **쇼핑 부문** : 정남진 토요시장
- **음식 부문** : 영덕 대게거리
- **공로자 부문** : 이민호
- **지자체 부문** : 제주도 서귀포시(최우수) / 대구시 중구, 충북 청주시(우수)
- **기업 부문** : 신세계, 조선호텔(대) / 솜피(중소)

2016

- **자연자원 부문** : 평창 대관령
- **문화자원 부문** : 한국민속촌
- **전통자원 부문** : 부산 원도심 스토리투어
- **열린자원 부문** : 제주절물 자연휴양림 다함께 무장애 나눔길
- **융복합관광자원부문** : 봉화 산타마을
- **숙박 부문** : 경원재 앰배서더
- **쇼핑 부문** : 서귀포 매일올레시장
- **음식 부문** : 강릉 커피거리
- **스마트정보 부문** : 소통관광 "힐링! 여수야!"
- **지자체 부문** : 서울특별시, 대구광역시
- **기업 부문** : SK엔카닷컴㈜(대) / ㈜알에이(RAX)(중소)

2012

- **자연자원 부문** : 울진 소광리 금강소나무 숲
- **문화자원 부문** : 수원화성
- **열린자원 부문** : 대구 근대골목
- **융복합관광자원부문** : 내일로(RAIL路)티켓
- **숙박 부문** : 영주 선비촌
- **쇼핑 부문** : 정선 5일장
- **스마트정보 부문** : 국내여행 총정리
- **단행본 부문** : 우리나라 어디까지 가봤니?56
- **공로자 부문** : 카라
- **기업 부문** : 포스코

2014

- **자연자원 부문** : 창녕 우포늪
- **문화자원 부문** : 삼척시 해양 레일바이크
- **열린자원 부문** : 통영시 케이블카
- **융복합관광자원부문** : 곡성 기차마을
- **숙박 부문** : 한옥호텔 오동재
- **쇼핑 부문** : 포항 죽도시장
- **음식 부문** : 한국전통음식 문화체험관
- **단행본 부문** : New 내일로 기차로
- **공로자 부문** : 전지현
- **기관 부문** : 한국농어촌공사
- **기업 부문** : 한화케미칼㈜
  주성엔지니어링㈜

2010

- **자연자원 부문** : 제주 올레길 체험
- **문화자원 부문** : 전주 한옥마을
- **열린자원 부문** : 횡성 술체원
- **숙박 부문** : 라궁
- **음식 부문** : 보성 벌교 원조꼬막식당
- **스마트정보 부문** : 명동 움직이는 관광 안내소
  나홀로 여행가기, 나만의 추억 만들기
- **단행본 부문** : 우리나라 그림 같은 여행지
- **공로자 부문** : 1박2일팀
  배용준
- **기업 부문** : 인천국제 공항공사

2011

- **자연자원 부문** : 소백산 자락길
- **문화자원 부문** : 안동 하회마을
- **열린자원 부문** : 순천만 자연생태공원
- **융복합관광자원부문** : 신라달빛기행
- **숙박 부문** : 청송 송고비택
- **음식 부문** : 전주비빔밥 고궁
- **스마트정보 부문** : 태백 종합 관광 안내소
  경주시 문화관광 홈페이지
- **단행본 부문** : 여행작가 엄마와 떠나는 공부여행
- **공로자 부문** : 김연아, 소지섭
- **기업 부문** : 유한킴벌리

자료: 한국관광공사

⑤ 한국관광 100선

'한국관광 100선'은 문화체육관광부와 한국관광공사가 국내관광 활성화를 위해 2013년부터 2년에 한 번씩 국내 대표 관광지 100곳을 선정하고 홍보하는 사업이다. '2023~2024 한국관광 100선'은 '2021~2022 한국관광 100선', 지자체 추천 관광지, 빅데이터 분석을 통해 발굴한 후보지 235개소를 대상으로 1차 서면 평가, 2차 현장 평가, 3차 최종 선정위원회의 심의를 거쳐 선정했다. 관광학계와 여행업계 관계자, 여행기자와 작가 등 관광 분야 전문가들이 심사에 참여하며, 이동통신사, 길도우미(내비게이션), 누리소통망(SNS) 빅데이터를 선정 평가에 활용한다. 구체적으로 1단계는 예비후보선정 단계로 2021~2022 여행지 상위 50곳, 광역지자체 추천 여행지 120곳, 빅데이터 분석 30~50곳, 2단계는 후보 여행지 심사 단계로 정성평가 70%, 정량평가 30%, 현장 모니터링 Pass or Fail, 3단계는 여행지 선정 단계로 한국관광공사와 외부 전문가로 구성된 선정위원회에서 최종결정한다.

표 8-6 2023~2024 한국관광 100선

지역		관광지
수도권	서울 (9)	서울 5대 고궁
		홍대거리****
		서울숲
		동대문디자인플라자*****
		서울스카이&롯데월드****
		남산 N서울타워
		청와대앞길&서촌마을
		익선동***
		코엑스(스타필드)***
	인천 (4)	개항장문화지구- 인천차이나타운(송월동동화마을)**
		강화 원도심 스토리워크**
		백령도·대청도**
		송도센트럴파크****

강원권	경기(11)		수원화성
			한국민속촌****
			용인 에버랜드*****
			서울대공원(랜드)****
			광명동굴****
			임진각과 파주 DMZ***
			농협경제지주 안성팜랜드**
			두물머리
			파주 헤이리 예술마을****
			자라섬
			재인폭포 공원
	강원(10)		남이섬
			도깨비골스카이밸리&해랑전망대
			무릉계곡
			삼악산호수케이블카
			강릉 커피거리*****
			대관령*****
			한탄강유네스코 세계지질공원**
			간현관광지 (소금산출렁다리)***
			뮤지엄 산*****
			원대리 자작나무숲*****
충청권	대전 (1)		한밭수목원
	세종 (1)		국립세종수목원
	충북 (5)		중앙탑사적공원&탄금호무지개길
			속리산법주사&테마파크**
			도담삼봉**
			청풍호반케이블카**
			만천하스카이워크&단양강 잔도***
	충남 (6)		수덕사

		대천해수욕장****
		안면도 꽃지해변
		부여 백제유적지***** (부소산성, 궁남지)
		공주 백제유적지***** (공산성, 송산리고분군)
		서산해미읍성***
전라권	광주 (4)	무등산국립공원****
		국립아시아문화전당**
		양림동역사문화마을***
		5.18기념공원
	전북 (7)	전주 한옥마을
		마이산도립공원****
		내장산국립공원*****
		반디랜드&태권도원**
		고인돌운곡습지마을
		고군산군도
		왕궁리유적
	전남 (6)	죽녹원*****
		섬진강기차마을****
		목포 근대역사문화공간&해상케이블카**
		여수세계박람회장*****&돌산도 해상케이블카
		천은사 상생의길&소나무숲길
		순천만습지(순천만국가정원)
경상권	부산 (8)	태종대유원지
		해운대&송정해변*****
		용두산·자갈치 관광특구***
		감천문화마을*****
		오시리아관광단지
		엑스더스카이&그린레일웨이
		광안리해변&SUP존
		용궁구름다리&송도해변***

197

대구 (3)	수성못**	
	서문시장**&동성로	
	앞산공원	
울산 (4)	태화강 국가정원****	
	영남알프스****	
	대왕암공원***	
	장생포고래문화특구**	
경북 (8)	경주 대릉원(동궁과 월지,첨성대)*****&황리단길	
	불국사&석굴암	
	울릉도&독도	
	죽변스카이레일	
	문경 단산모노레일	
	포항 스페이스워크	
	소수서원**	
	주왕산과 주산지**	
경남 (7)	김해가야테마파크	
	통영 디피랑	
	고성 당항포	
	여좌천(벚꽃)	
	거창 항노화힐링랜드	
	황매산군립공원**	
	진주성*****	
제주권	제주 (6)	성산일출봉*****
		한라산국립공원
		제주올레길
		우도
		비자림*****
		제주돌문화공원**

6회 연속(14)	최초(33)

*****(5회 선정) ****(4회 선정) / ***(3회 선정) / **(2회 선정)

⑥ 대한민국 테마여행 10선

　대한민국 테마여행 10선은 문화체육관광부와 한국관광개발연구원, 권역별 사업관리단과 39개의 지자체가 함께하는 만들어 나가는 관광명소 사업으로 2017년부터 5개년 계획으로 지자체 간의 연계를 높여 국내여행 활성화를 목표로 39개 지자체를 10개 권역으로 엮고, 각 권역에 공통적인 테마를 부여해 공동 개발을 추진했다. 문화체육관광부는 기본계획 수립, 사업 예산 집행과 평가를 담당하며 총괄 보조사업자인 한국관광개발연구원은 권역별 사업관리단 선발과 운영, 지방 교통 결절점 연계 여행상품 기획과 모객, 홍보마케팅 및 성과평가, 사업관리단과의 업무를 지원했다. 권역별 사업관리단은 지리적 인접성과 문화·관광자원의 유사성을 가지고 있는 3~4개의 지역 지자체 담당자들과 함께 해당 권역의 교통 연계망 구축과 인력 양성 등의 사업을 총괄 조정하고, 권역별 여행상품 개발·운영, 권역별 협의체 운영 등을 추진했다.

그림 8-2 　테마여행 10선 추진체계

자료: 대한민국 테마여행10선 홈페이지(https://ktourtop10.kr)

　테마여행 10선은 경기도 1권역 평화역사이야기여행, 강원도 2권역 드라마틱강원여행, 경상북도와 대구광역시 3권역 선비이야기여행, 경상남도와 부산광역시 4권역 남쪽빛 감성여행, 경상북도와 울산광역시 5권역 해돋이역사기행, 전라남도 6권역 남도 바닷길, 전라북도 7권역 시간여행101, 광주광역시와 전라남도 8권역 남도맛기행, 대전광역시와 충청남도 9권역 위대한금강역사여행, 충청북도와 강원도 10권역 중부내륙힐리여행 등으로 구성했다.

그림 8-3   테마여행 10선

자료: 대한민국 테마여행10선 홈페이지(https://ktourtop10.kr)

표 8-7 테마여행 10선 권역별 특징

권역	지역	권역별 특징
1권역 평화역사이야기 여행	인천, 파주, 수원, 화성	권역 소개
		우리의 지난 역사의 교훈과 평화의 가치를 깨닫고 그 소중함을 가슴 깊이 담아올 수 있는 곳. 평화 역사에 대한 깊은 사색을 할 수 있는 이야기 여행
2권역 드라마틱 강원여행	평창, 강릉, 속초, 정선	권역 소개
		강원도의 산과 바다, 삶 속에서 여행의 주인공 되기. 내가 주인공인 인생의 드라마를 강원도에서 만나기
3권역 선비이야기 여행	대구, 안동, 영주, 문경	권역 소개
		현대인의 삶에 스며있는 선비의 자취와 이야기를 직접 체험할 수 있는 인문콘텐츠가 풍부한 가장 한국적인 지역. 몸과 마음이 젊어지는 선비이야기 명소를 직접 체험하기
4권역 남쪽빛 감성여행	거제, 통영, 남해, 부산	권역 소개
		잠을 이루지 못할 만큼 매력적인 풍광, 그곳의 문화와 삶의 흔적을 통해 잠시 잊었던 다채로운 감성을 깨우는 여행. 나를 더 깊게 바라보게 하고 다시 찾아오고 싶은 그런 여행지
5권역 해돋이 역사기행	울산, 포항, 경주	권역 소개
		과거부터 역사적으로 이어져 온 울산, 포항, 경주는 한반도에서 가장 먼저 해가 뜨는 일출 명소. 동해안 바다, 떠오르는 태양, 신라금관, 포스코 용광로, 신불산 억새 물결, 연오랑 세오녀 사랑… 그 찬란함을 보고 느끼고 체험할 수 있는 여행

	여수, 순천, 보성, 광양	권역 소개
6권역 남도바닷길	남도바닷길	리아스식 해안과 365개의 섬으로 이루어진 빼어난 연안 바다의 풍광은 물론 남도의 풍류를 다양하게 느낄 수 있는 남도바닷길에서 로맨틱 바다와 함께 생태여행 떠나기
	전주, 군산, 부안, 고창	권역 소개
7권역 시간여행101	시간여행101	전주, 군산, 부안, 고창은 옛 우리 문화를 만나는 시간 여행지. 전주한옥마을과 군산 근대화거리를 둘러보고, 부안의 청자, 고창의 고인돌유적에서 역사의 유구함을 느껴볼 수 있는 곳
	광주, 목포, 담양, 나주	권역 소개
8권역 남도맛기행	남도맛기행	때묻지 않은 자연과 순정한 삶이 만나는 곳에 피어난 맛의 천국 대한민국 맛의 종가 남도
	대전, 공주, 부여, 익산	권역 소개
9권역 위대한 금강역사여행	위대한 금강역사여행	발길 닿는 곳이 박물관. 선사시대부터 백제시대를 거쳐 조선과 동학, 근대에 이르기까지 한국이라면 꼭 알아야 할 대한민국의 위대한 역사가 흐르는 곳
	단양, 제천, 충주, 영월	권역 소개
10권역 중부내륙 힐링여행	단양/제천/충주/영월 중부내륙 힐링여행	일상에서 휴식이 필요할 때, 가장 먼저 떠오르는 중부내륙 산과 호수가 어우러진 자연에서 지친 몸과 마음의 힐링여행

자료: 대한민국 테마여행10선 홈페이지(https://ktourtop10.kr)에서 저자 재정리

그림 8-4 테마여행 10선 권역별 여행 루트

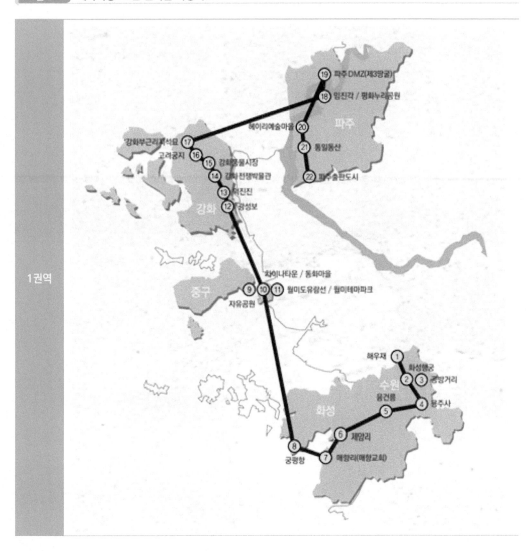

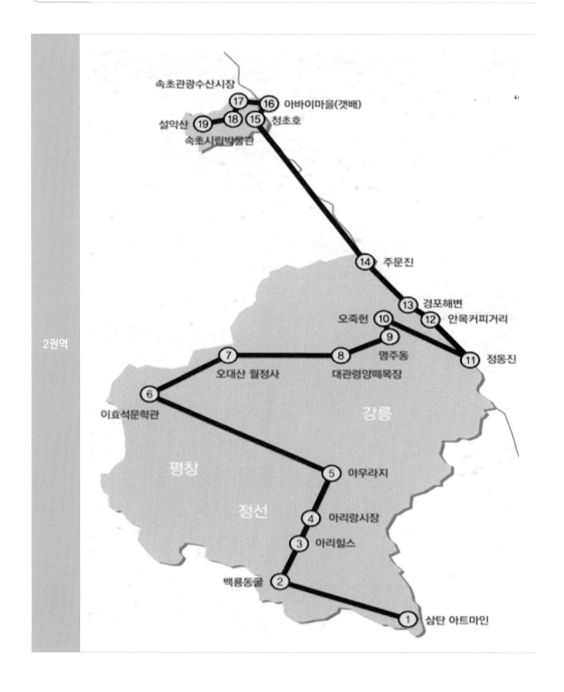

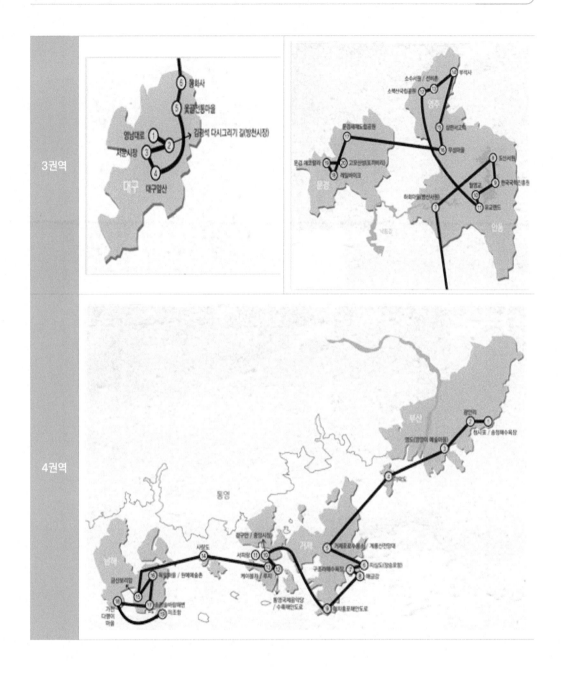

5권역

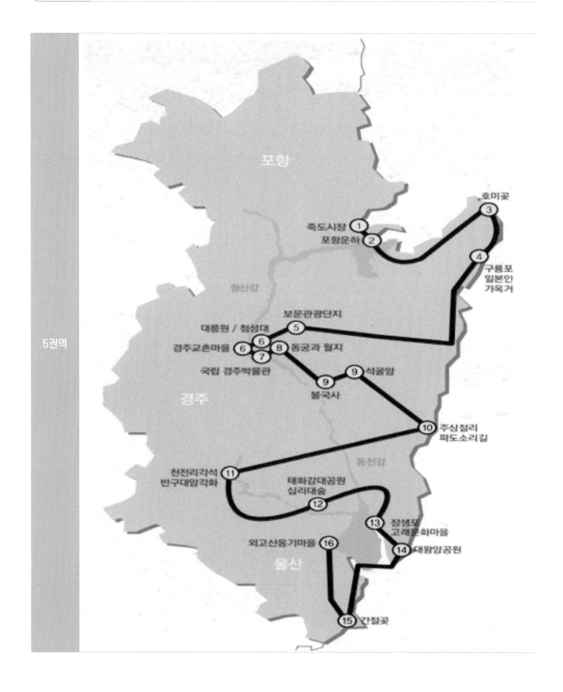

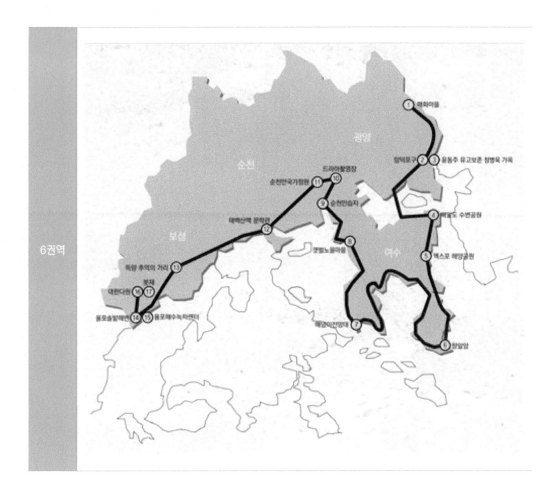

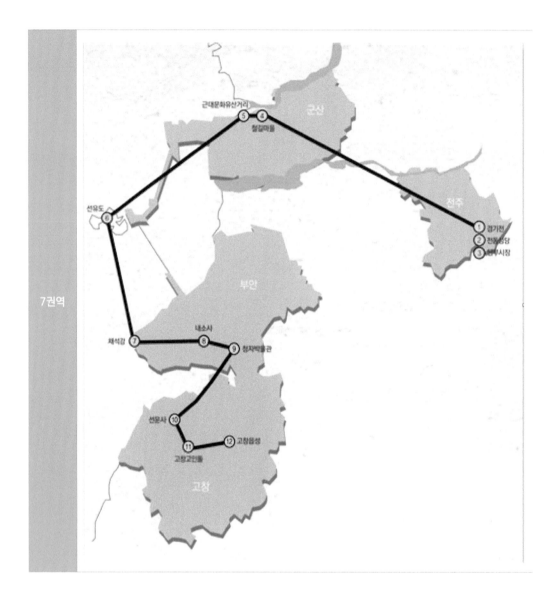

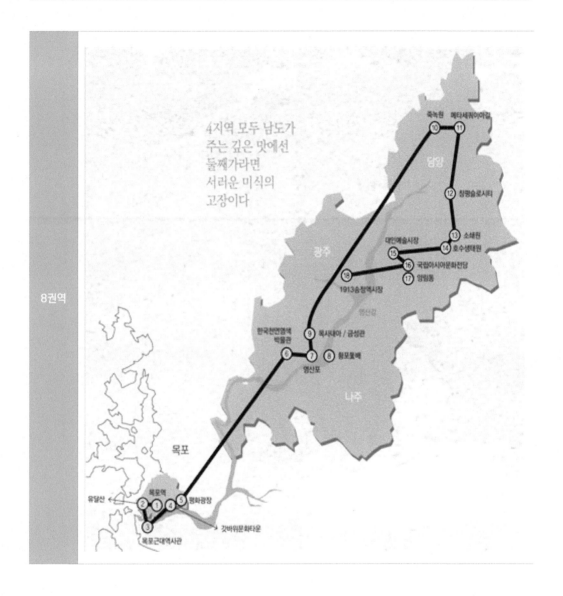

9권역

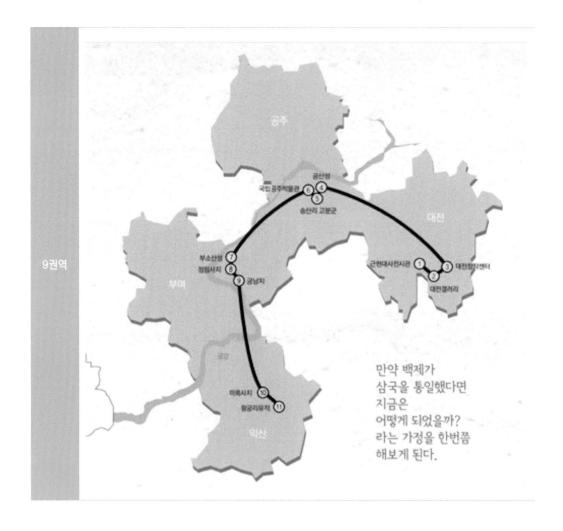

만약 백제가
삼국을 통일했다면
지금은
어떻게 되었을까?
라는 가정을 한번쯤
해보게 된다.

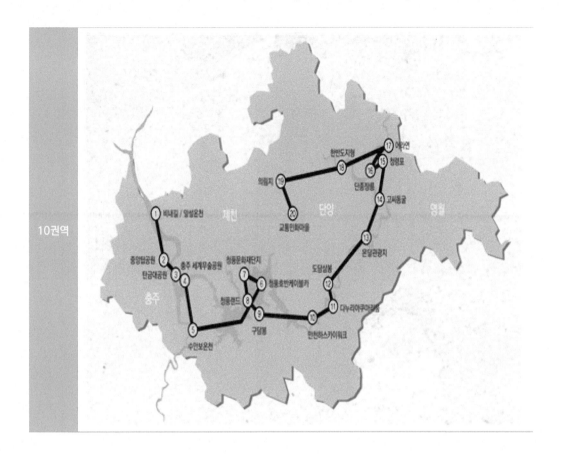

제9장

관광자원조사

관광
자원론

Tourism Resources

제 9 장

관광자원조사

학습목표

1. 관광자원조사 개념과 목적을 학습하여 관광자원조사 보고서를 작성할 수 있다.
2. 관광자원 해설과 안내를 할 수 있다.

1 관광자원조사 개념과 목적

관광자원조사는 관광자원의 자연환경, 인문환경, 관광객 상황, 관광객의 지각 정도 등을 조사하고 분석하는 것이다. 관광자원을 조사하는 목적은 첫째, 관광자원 보전과 개발을 학술적, 과학적 근거를 통해 기본 자료수집과 계획 작성 둘째, 문헌과 통계자료를 통한 관광자원 이론 고찰과 현장 조사를 병행함으로써 구체적인 최신 관광자원 현황과 자료수집 셋째, 실제 현장 조사를 통해 조사연구 방법과 문제 지향적 해결 능력을 함양하는 데 있다.

관광자원조사는 탐색(Exploration), 기술(Description), 설명(Explanation) 등 3요소로 구성된다. 탐색은 관광 현상을 파악하기 위해 사전에 특별한 지식이 없을 때 선행연구를 찾는 것이며, 기술은 상황, 사건, 현상을 묘사하는 것으로 현상의 원인보다 현상 자체에 관심을 갖고 있는 그대로 현상을 표현한다. 설명은 단순한 기술과 달리 현상 발생과 그 원인에 대한 해답을 규명하는 것이다.

② 관광자원조사 항목과 절차

1) 관광자원조사와 관광 정보 항목

관광자원조사의 필요성을 확인하기 위해 다음 질문을 계속해서 제기해야 한다. 첫째, 어떤 목적을 달성하기 위하여 조사가 필요한가? 둘째, 어떤 자료가 필요한가? 셋째, 필요한 통계 또는 정보를 얻어내기 위해서는 어떤 자료가 있어야 하는가? 넷째, 기존 자료를 이용할 수는 없는가? 다섯째, 자료수집에 어떤 제약점이 없는가? 있다면 그 대안은 무엇인가?

선행연구 또는 2차자료(통계, 보고서 등)를 찾을 수 없다면 자료수집을 위해서 현장 조사를 한다. 조사 항목 선정은 환경 여건에 따라, 조사 대상 지역의 특수성을 감안하여 신축성 있게 조정할 수도 있다.

표 9-1 관광자원조사 항목

항목	내용
자연자원	기후, 풍토, 풍경, 온천, 동식물, 동굴, 공원, 산악, 평원, 해안(해변), 섬, 하천, 호, 폭포, 계곡, 지질, 협곡, 곶, 암석, 바위, 사막 등
문화자원	유무형문화재, 민속자료, 기념물, 공예품, 건축물, 조각, 문화유산, 문화적 사실, 유적, 사적, 박물관, 미술관 등
사회자원	인정, 풍속, 행사, 국민성, 지역성, 생활, 예술, 교육, 스포츠 등
산업자원	공장, 농공장, 사회공공시설, 전시회, 박람회, 관광목장, 관광농원 등
위락자원	수영장, 놀이시설, 테마파크, 마리나, 요트/보트/카누, 스킨스쿠버, 행글라이더, 낚시, 사이클, 골프장, 캠핑장, 관광음식점, 축제 등

자료: 저자

관광 정보 항목은 정부, 지자체, 연구원 등 공공기관의 정책 보고서에 잘 나타나 있다. 특히 문화체육관광부와 한국문화관광연구원에서 매년 국민여행조사를 주관하고 수행하는 자료 항목을 구체적으로 살펴보면 다음과 같다.

표 9-2 관광 정보 항목

항목	내용
관광발생	참가횟수, 참가일수, 숙박일수, 여행상품 이용 채널, 여행지 선택 이유, 여행지 활동 유형, 여행 정보 획득 경로, 여행정보 채널, 여행동반자 수
관광교통	교통수단, 여행시간, 여행거리
관광방문	방문빈도, 방문시기, 방문목적, 방문지역, 이용시설, 숙박시설, 여행소비액, 숙박비, 음식점비, 식음료비, 교통비, 여행 활동비, 쇼핑비
관광행동	만족도, 재방문의사, 추천 의도
인구통계	학력, 가구원 수, 혼인상태, 자녀 현황, 성별, 직업, 소득, 차량보유 유무

자료: 저자

2) 관광자원조사 절차

관광자원조사 절차는 6단계로 나눈다. 문제 제기, 조사 대상 선정, 조사 설계, 자료수집, 자료 분석, 보고서 등이다. 문제 제기는 조사 목적과 조사 대상을 확정하여 조사 문제를 정립하며, 조사 대상 지역, 관광자원 성격, 구체적인 자원조사에 중점을 둔 목적 확립, 대상 범위를 결정한다. 조사 설계는 모집단 설정과 조사에 필요한 설문지와 조사표 등을 작성한다. 자료수집은 조사 대상에 관한 문헌 자료를 조사하고 고찰하여 예비지식을 축적한다. 자료 분석은 문헌 자료, 선행 자료, 면담 자료, 설문 자료 등 조사 목적에 따라 검토하고 파악해서 정리한다. 앞에서 얻은 많은 자료를 정리하고 분석 결과의 해석 단계를 거쳐 보고서를 작성하여 완성한다.

3) 관광자원조사 방법

관광자원조사 방법은 예비조사, 우편조사, 온라인 조사, 면접법, 전화조사 등이 있다. 예비조사는 사전 연구에 의한 축적된 자료가 부족할 때 본조사를 위한 전문가 의견조사, 문헌조사, 사례조사 등을 말한다. 우편조사는 우편을 통해 자료를 수집하는 방법으로 낮은 응답률이 최대의 문제점으로 지적된다. 온라인 조사는 전자통신망을 이용하여 설문조사를 하는 방법으로 많은 응답자를 쉽게 조사하며, 시·공간 제약이 적다. 전자우편, 구글폼, 네이버폼 등이 있다. 면접법은 응답자와 조사자가 직접 대면한 상태에서 질문하는 것으로 조사자의 자질과 역할이 가장 중요하다. 전화조사는 응답자에게 전화를 걸어 질문 문항을 읽어준 후 답을 기록받는 방법이다. 모집단 대표성에 문제가 있고, 전화 특성상 설문 길이가 짧을 수밖에 없다. 주로, 컴퓨터 보조전화면접 방법을 사용하는데 컴퓨터에 저장된 전화번호를 무작위로 건 뒤, 조사원이 직접 조사하거나 ARS 조사를 하는 방법이다.

③ **관광자원조사 사례**

관광자원조사는 지자체, 공공기관, 관광 전공 대학에서 많이 하고 있다. 서울에 있는 B 대학 관광 전공 수업에서 사용하는 관광자원조사 사례를 살펴보면 다음과 같다.

그림 9-1 관광자원조사 보고서 표지

관광자원조사 보고서 작성은 계획서와 보고서로 나눈다. 강의실 수업과 현장 수업으로 구성하는데 강의실 수업은 계획서를 작성하고 그 계획서를 바탕으로 현장 조사를 한 후 보고서를 작성한다. 계획서는 조 이름, 조사자 이름, 답사 장소, 답사예정일, 집합 시간과 장소, 미션, 목적, 일정과 코스 계획, 답사 후 기대 효과를 작성한다. 보고서 내용은 조 이름, 조사자 이름, 장소, 답사 날짜, 세부 일정과 과제 수행 결과와 관광자원 매력도, 관광종사원, 문제점과 개선 방안 등을 평가한다. 마지막으로 조사자 의견, 답사 인증사진과 설명, 관광 영상 등을 제작한다.

표 9-3 관광자원조사 보고서 작성하기

양식	PPT
분량	15장 이상
제출일	10주차
제출방식	구글 클래스룸
별명	관광지와 관계된 아이디어 작명
소개	· 간단한 자기소개 · 자기를 가장 잘 표현할 수 있는 멋진 사진
사회적 현황	위치, 면적, 인구, 기후, 관광통계 및 기타사항
관광자원 현황	· 국가지정문화재, 시도지정문화재 중심으로 작성 · 축제, 특산물, 숙박, 음식, 교통
관광코스	· 그림파일에 이동 경로 표기 · 문화관광해설사 프로그램 이용 · 코스 설명 · 코스별 주요 관광지 입장료 · 코스별 이동 방법과 실제 소요 시간 및 배차시간 · 코스별 주요 관광지 설명과 직접 찍은 사진 첨부 · 주차 시설과 주차비
평가	· 관광지(시설)와 관광종사원 평가 · 개선 사항 · 평가결과표 첨부
비고	모든 자료는 실제로 찍은 사진 첨부(인터넷 퍼옴 금지)

보고서 목차	
관광지역 소개	1. 위치와 면적 2. 인구와 기후 3. 관광통계
관광자원	1. 국가지정문화재 2. 시도지정문화재 3. 기타 관광자원 4. 축제와 특산물 5. 음식과 맛집
숙박	1. 호텔 2. 펜션 및 기타 숙박시설
보고서	1. 팀 소개 2. 관광코스 특성 3. 답사 일정표 4. 관광코스 설명 5. 관광지 소개 6. 관광지 평가 7. 관광종사원 평가 8. 종합평가 9. 관광 답사 후기

표 9-4 **관광명소 평가표**

항목	배점	평가결과별 배점				
		매우 그렇다 (10)	다소 그렇다 (8)	보통 이다 (6)	그렇지 않다 (4)	전혀 아니다 (2)
교통수단이 편리하다.	10					
접근하는 데 용이하다.	10					
관광정보와 안내표지판이 다양하다.	10					
즐길거리가 많다.	10					
볼거리가 다양하다.	10					
여행비용이 적게 든다.	10					
음식이 맛있다.	10					
자연경관이 아름답다.	10					
역사유적지가 흥미롭다.	10					
휴식 및 휴양시설이 잘 되어 있다.	10					

항목	배점	평가결과별 배점				
		매우 그렇다 (10)	다소 그렇다 (8)	보통 이다 (6)	그렇지 않다 (4)	전혀 아니다 (2)
위락시설이 잘 갖추어져 있다.	10					
다양하고 적당한 숙박시설이 있다.	10					
관광지 환경이 쾌적하다.	10					
주민들이 친절하다.	10					
문화자원이 흥미롭고 매력 있다.	10					
합 계	150					
평가점수						

표 9-5 관광종사원 평가표

항목	배점	평가결과별 배점				
		매우 그렇다 (10)	다소 그렇다 (8)	보통 이다 (6)	그렇지 않다 (4)	전혀 아니다 (2)
관광종사원들은 상품과 관광정보에 유능하였다.	10					
관광종사원들은 믿을 만하였다.	10					
관광종사원들은 항상 친절하였다.	10					
관광종사원들의 용모가 단정하였다.	10					
아무리 바빠도 관광객의 요청에 먼저 응하였다.	10					
관광객에게 신속한 서비스를 제공하였다.	10					
관광객의 요구사항에 대해 적극적으로 대응해 주었다.	10					
관광객에게 신뢰감을 주었다.	10					
일관성 있는 서비스를 제공하였다.	10					
관광종사원에 전반적으로 만족하였다.	10					
합 계	100					
평가점수						

표 9-6 관광자원조사 종합 평가표

항목	배점	평가결과별 배점				
		매우 그렇다 (10)	다소 그렇다 (8)	보통 이다 (6)	그렇지 않다 (4)	전혀 아니다 (2)
역사, 문화, 자연 등이 신기하고 독특하다.	10					
자연경관, 주변경치가 아름답다.	10					
지역주민들이 친절하다.	10					
다른 관광지와 달리 몰입성이 강하다.	10					
지역 특색이 잘 표현되어 있다.	10					
교육적인 가치가 있다.	10					
관광 프로그램이 다양하고 좋았다.	10					
다른 사람에게 추천할 것이다.	10					
다시 방문하고 싶은 곳이다.	10					
전반적으로 만족하였다.	10					
합 계	100					
평가점수						

④ 관광자원 해설과 안내

1) 관광자원 해설 개념

관광자원 해설이란 관광객에게 관광 대상과 자원을 알기 쉽고 매력적인 요인으로 설명해 주는 커뮤니케이션 방법으로, 관광객이 방문하는 관광지와 관광자원에 대한 이해력, 인식 능력, 감상 능력, 지식습득 능력 등을 증대시켜 주는 활동이다. 관광자원이 가지는 가치와 의미를 포착해서 관광객들이 그 의미와 가치를 잘 이해할 수 있도록 도와준다.

표 9-7　프리만 틸든(Freeman Tilden)의 6가지 해설 원칙

1. 방문객들의 관심사, 흥미 파악을 통한 참가자를 위한 효과적인 해설을 하도록 노력
2. 정보 전달이 아닌, 스스로 노력, 지식 등의 정보를 자신의 언어로 바꿔 전달
3. 해설 장소와 대상 관심, 흥미를 유발하는 것이 필요
4. 생태자원 하나가 아닌, 자연과 생태계를 연관 지어 종합적으로 해설하는 것이 필요
5. 개인의 배경과 관심 분야, 연령, 계층에 따른 적절한 해설 개발
6. 해설의 소재는 자연과학, 인문과학, 사회과학, 건축물 등 다양한 분야가 조합되어 있는 종합예술로 적절한 자연 해설 기법을 통해 전달하는 종합적 기능

자료: 환경부 우리나라 생태관광 이야기 홈페이지(http://www.eco-tour.kr)

관광자원을 해설하는 목적은 관광자원 관리, 관광객 만족, 이미지 개선, 장소성 부여, 관광자원 보존의 중요성 이해 등이며 자세한 내용은 다음과 같다.

표 9-8　관광자원 해설 목적

목적	내용
관광자원 관리	· 관광자원과 관광시설에 대한 배려 깊은 이용을 유도한다. · 관광객 지식 부족으로 어떠한 피해가 발생하는지 알게 한다. · 관광객이 환경, 자원에 대한 책임 의식을 갖도록 한다.
관광객 만족	· 관광객에게 안전, 영감, 심적 여유, 즐거움 등을 제공한다. · 해설 제공 기관의 가장 큰 목표는 관광객 경험을 풍부하게 하는 데 있다. · 해설을 통해 관광객은 관광자원의 이해력을 높이고, 해설을 위해 필요한 기술과 지식을 터득함으로써 성취감을 얻을 수 있다.
이미지 개선	양질의 해설 프로그램과 방문자 센터를 통하여 대중과의 긍정적인 관계를 창출한다.
장소성 부여	해설은 관광객이 그 장소가 특이한 곳이라는 느낌을 준다.
관광자원 보존성 이해	관광객이 자원의 가치와 보존의 중요성을 이해하는 데 도움을 준다.

관광자원을 해설하는 유형은 크게 4가지로 분류할 수 있다. 첫째, 분야별 전문가로서 산림청이 인증하는 국가자격증 숲해설가, 생태 · 경관보전 지역, 습지보전법에 따른 습지 보호지역 및 자연공원법에 따른 자연공원 등을 이용하는 사람에게 자연환경보전 인식증 진 등을 위하여 자연환경해설 · 홍보 · 교육 · 생태탐방 안내 등을 전문적으로 수행하는 환 경부 인증 국가자격증 자연환경해설사가 있다. 둘째, 양성 안내사는 지자체에서 운영하는 문화관광해설사가 있으며, 셋째, 자원봉사자는 주로 지자체 관광안내소에서 자원봉사 형

태로 안내한다. 넷째, 통역안내사는 외국인 관광객 대상으로 우리나라 관광을 안내하는 관광통역안내사가 있다.

표 9-9 관광자원 해설 유형

유형	내용
분야별 전문가	일정 주제를 중심으로 여러 곳의 유적과 유물을 해설하거나 한정된 지역을 담당하여 관광객에게 안내(숲해설가, 자연환경해설사)
양성 안내사	일정 지역의 코스를 돌면서 관광자원을 일방적, 문장식으로 전해주는 안내(문화관광해설사)
자원봉사자	일반인으로서 일정 기간 교육받고 자원봉사자 형태로 안내(지자체 관광안내소)
통역안내사	외국인 관광객 대상으로 관광 안내(관광통역안내사)

자료: 저자

관광자원 해설은 관광객, 지자체, 지방정부, 국가 등에게 많은 편익을 제공한다. 방문자의 경험을 풍부하게 하며, 관광지에서 관광객의 시야를 넓혀줌으로써 전체 경관에 대한 이해를 도울 수 있다. 해설을 통해 사람들에게 유익한 정보를 제공해 주어 자연자원, 인문자원의 관리와 관련된 의사결정을 보다 현명하게 할 수 있게 한다. 관광지의 불필요한 훼손과 손상을 감소시켜 결과적으로 관리 또는 대체비용을 절감할 수 있다. 방문자에게 지역문화유산에 대한 긍지를 갖게 한다. 많은 관광객이 방문하도록 촉진함으로써 지역 또는 국가경제에 도움이 될 수 있으며, 지역주민의 자연과 인문 관광자원에 대한 관심을 고조시켜 자원의 보전과 보호에 효과적이다.

2) 관광 안내하기(양정임, 2021. 저자 재정리)

(1) 이야기 구성과 전달 능력 함양

① 이야기 대상

관광해설사는 연출가로 관광객이 자신의 이야기 속으로 들어오도록 수식하고 강화할 수 있는 권한을 가지고 있지만 진실을 전할 의무를 무시할 수 없으므로 사실과 허구를 구분해야 한다. 입증되지 않거나 의문이 있는 전설 이야기를 시작할 때는 "전하는 바에 의하면" 또는 "이야기는 이렇습니다." 등으로 시작하는 것이 좋다.

② 이야기 구성

관광자원 해설이 짜임새가 있으려면 관광자원에서 일정한 주제를 찾아내고 이것을 방문자에게 효과적으로 전달하기 위하여 연출 구성요소를 일정한 주제와 유기적으로 결합하는 작업이 이루어짐으로써 관광객이 주의를 집중하고, 탄성을 지르거나, 환상에 젖거나, 호기심을 가지며, 사진을 찍고 매료된다.

③ 관광자원 주제별 안내 방법

가. 자연 안내

숲해설가는 숲생태, 산림과 환경, 숲생태학, 숲과 곤충, 세밀화, 생태공예, 자연놀이, 생태인문학, 산림생태계, 커뮤니케이션 등 숲 관련 분야의 다양하고 전문적인 지식과 소양을 쌓고 사람과 자연, 사람과 사람이 만나서 소통하는 역할을 한다.

나. 역사 안내

역사는 어느 지역에 있어서든 안내의 가장 보편적인 주제 중의 하나다. 역사 안내사가 할 일은 과거의 사건들을 방문객들에게 재미있고 의미 있게 전달하는 것이다.

(2) 해설과 관련된 질문 유도

① 자극적인 질문 능력

관광객의 참여를 유도하기 위한 능숙한 질문도 값진 안내 기술이다. 관광해설사는 관광객의 흥미를 자극하고, 프로그램을 짜임새 있게 구성하며, 중요한 점을 강조하기 위해 질문을 유도한다. 관광객의 질문은 관광객을 프로그램에 적극적으로 참여하게 하고 끌어들이는 능동적인 행동이다.

② 해설과 연관된 질문 유도

가. 분위기 조성하기

관광객은 여행 일정 동안 심신이 피로하고 스트레스를 받을 수 있으므로 관광자원 해설사는 관광객의 특성을 살피고 먼저 다가가 편안하고 부드러운 관계를 형성하는 것이 필요하다. 이렇게 자연스러운 관계 속에서 다양한 질문을 유도할 수 있다.

나. 질문 시간

관광객이 여행 일정 동안 질문을 준비하기 위한 시간을 주는 것이 좋다.

다. 일상 질문

관광객의 질문은 사소한 일상적인 것에서 관광지의 중요한 것으로 옮겨 가는 것이 좋다.

라. 질문 사례 제시

관광객들이 어떤 질문을 할지 고민하거나 머뭇거리는 모습을 보인다면 관광자원 해설사는 관광자원과 관련된 질문의 예를 제시하면 좋다.

③ 질문 후 해설사 역할

가. 경청

관광객이 조금 망설이다가 어렵게 질문할 때는 모두가 경청해서 관광객이 존중받고 있다는 느낌을 줄 수 있어야 한다.

나. 감사

관광객이 질문했을 때는 먼저 질문에 대한 감사 표시를 하는 것이 좋다.

다. 칭찬

질문한 관광객에게 감사 인사를 한 후 "좋은 질문입니다~"라고 칭찬하면 다른 질문도 쉽게 할 수 있고, 아직 질문하지 않은 다른 관광객들도 질문할 수 있는 계기가 된다.

(3) 응답

관광객의 질문에는 예의를 갖추고, 이해하기 쉽게 설명하며 질문 그 이상을 답변하는 것이 좋다. 관광객의 일차원 질문에도 더 많은 정보를 알려줄 수 있어야 한다. 가령 "이 관광자원은 언제 만들어졌나요?"라는 질문에 "이 자원은 고려시대 말기에 만들어졌고, 그 이후에는 어떤 역사적인 사건을 통해 보수되었고, 지금의 모습을 갖추게 되었습니다." 이렇게 추가적인 정보를 알려준다면 관광객은 관광자원 해설사의 전문성을 인정하고 신뢰한다.

관광객이 해설사가 잘 알 수 없는 내용을 질문했을 때, 답변하기 곤란한 질문을 받았을 때, 기분 나쁜 질문을 받았을 때, 개인적인 의견을 묻는 질문받았을 때를 생각해 사전에 예기치 못한 상황을 준비한다. 예상치 못한 질문에도 침착하고 밝은 표정을 짓도록 연습한다.

(4) 해설 안내 장소 선정

해설 안내 장소 선정 시 고려해야 할 사항은 참가자 수에 적합한 공간 선정, 해설 내용에 적합한 배경을 가지고 있는 장소 선정, 위험 요소가 있는 장소나 주변 소음이 심한 지역에서는 해설을 피한다.

(5) 해설 핵심 이야기 안내

기억에 남는 안내를 하는 방법은 장소 또는 대상에 대한 열정, 사람들에 대한 열정, 이야기 구성과 전달 능력, 유머 활용 능력, 침묵할 때와 멈출 때를 알아야 한다.

(6) 해설과 안내 시 유의 사항

① 민족적 긍지와 국민감정을 자극하는 설명은 피한다.
② 이미 결정된 관광 일정은 꼭 그대로 시행하는 것이 원칙이다.
③ 관광객에게 알맞게 정리하여 안내한다.
④ 선입관이나 고정관념을 가져서는 안 된다.
⑤ 설명을 게을리해서 형식적인 설명이라는 인상을 주어서는 안 된다.
⑥ 국보, 보물, 사적 등 국가지정문화재를 안내할 때 관광객 국가의 연대와 비교하여 설명하여 빨리 이해하도록 도와야 한다.
⑦ 안내 시 타이밍에 주의한다.
⑧ 질문이나 의뢰받은 사항은 빨리 결과를 알린다.
⑨ 치안과 보안상태를 설명함으로써 불안감을 해소한다.
⑩ 기타 유의 사항에 대하여 설명한다.

(7) 마무리 인사 장소 파악

마무리 인사 장소를 정할 때 주의할 점은 사람들이 많이 이용하는 장소는 피하는 것이 좋다. 쉬운 장소를 선정하며, 보안과 연관된 장소는 피한다.

(8) 필수 마무리 인사말

해설과 안내가 끝나고 마무리 인사말을 할 때는 인사하기 → 감사하기 → 소감 듣기 → 여행사와 여행상품 소개 → 관계 형성 → 작별 인사 등의 순서로 진행한다.

제10장

관광개발

관광개발

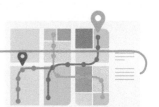

1. 관광개발 개념과 의의를 이해하여 관광개발 기본계획과 권역계획을 설명할 수 있다.

① 관광개발 개념과 의의

1) 관광개발 개념

관광개발이란 관광자원에 인간의 노력을 가하여 관광자원이 지닌 그 특성적 가치를 증대시킴으로써 관광의 제반 효과를 얻기 위한 계획적인 변화, 즉 관광자원을 '있는 그대로 보존'하는 개념과 '기존자원에 인공을 가하여 새로운 시설 및 공간을 조성'하는 것을 포함한다.

2) 관광개발 목적

관광개발은 수요와 공급 간의 조화로서 각종 편익 효과 제고를 추구하는 데 기본 목적을 두고 있으며, 지역 또는 국가의 균형 있는 경제발전을 도모하고, 궁극적으로는 총체적 사회 편익의 극대화 실현에 있다. 고용기회 유발, 소득 증가, 세수입 증대, 경제구조 변화 등 경제적 편익을 제공함으로써 지역과 국가의 경제 활성화와 성장에 효과적인 수단으로

자리함으로써 사회가 추구하는 경제, 사회적 목표 기여에 의의를 지닌다.

관광개발은 관광객의 욕구를 충족하고, 관광자원 가치를 증진하며, 관광객 이용 편의를 확충한다. 또한, 교통 체계와 각종 관광시설을 정비하고, 국가와 지역 경제, 사회발전을 도모하기 위한 일련의 과정이다. 여가를 이용하여 일상 생활권을 벗어나 매력적인 자연과 문화 등의 환경에 접하려는, 곧 생활의 변화를 추구하려는 관광 욕구 때문에 관광 공간 제공의 목적에서 개발한다.

매력적인 관광자원의 가치만으로는 관광객을 유인할 수 없다. 놀이시설, 숙박시설, 편의시설 등 관광시설이 적절하게 추가됨에 따라 관광 활동을 하는 데 즐거움과 재미를 더하거나 편리해질 수 있어야 관광 수요가 증가하므로 관광자원 가치 증대를 위해 개발한다. 관광개발을 통하여 무분별한 관광자원 이용으로 인한 자연 자원 훼손을 사전에 방지할 수 있고, 야생동식물과 관광객을 동시에 보호할 수 있다.

3) 관광개발 대상

관광개발 대상은 관광자원, 교통기반 시설, 관광시설, 관광정보 조직과 제공 체계, 관광서비스 등이다. 새로운 자연관광 자원을 개발, 환경 정비, 문화재 수집과 진열을 위해 이들을 복원, 보수, 증축하며, 관광시장에서 관광목적지까지 교통망 체계인 도로와 교통시설 등의 교통기반 시설을 정비하는 것은 관광시장과 관광지 연결을 더욱 원활하게 한다. 놀이, 숙박, 식음료, 휴게, 안내 등의 체제와 환대 기능을 가진 관광시설을 확충하여 관광객 수용 태세를 정비한다. 캠페인, PR, 홍보 등을 위하여 여러 정보매체를 효율적으로 이용할 수 있도록 하며, 관광종사자의 자질향상을 위하여 외국어 능력 향상, 예절교육 등을 통해 관광객에게 높은 수준과 양질의 관광서비스를 제공하는 것 또한 관광개발 대상이다.

4) 지속가능한 관광개발

표 10-1 과거와 현재 관광개발 비교

구분	전통적 관광개발	지속가능한 관광개발
개발 목표	· 관광객 만족 · 고용 창출과 세수 증대 · 기반 시설 확대	· 지역주민의 복리증진 · 소득증대와 생활환경의 개선 · 정체성과 자부심 고취 및 관광객 만족
개발 주체	· 국가, 공공단체 · 민간사업자 · 대기업	· 지방자치단체와 공공단체 · 지역주민, 시민단체, 기업 · 협조적, 갈등적 참여 과정
개발 대상	· 뛰어난 자연경관 · 온천 · 문화유적, 지정문화재	· 지역 고유의 환경과 문화 · 기후, 자연, 풍습, 생활, 축제, 지역산업 · 마을단위(지역단위) 관광개발
개발 내용	· 관광시설: 스키장, 골프장 · 숙박시설: 호텔, 콘도 · 편의시설: 수영장, 슈퍼마켓	· 생산기반 시설: 도로 확충, 창고 · 생활기반 시설: 주택, 주거환경 · 관광객 편의시설과 관광상품 · 관광매력지와 특산물
개발 성격	· 대규모, 집중적, 고밀도 · 자연파괴적 개발 · 단기적 개발	· 소규모, 분산, 저밀도 · 환경친화적 개발 · 장기적 개발
시장 성격	· 대규모 시장 · 하나의 지배적인 표적시장 · psycho-centric · 높은 계절성	· 소규모 시장 · 특정 지배시장 없음 · allo-centric · 특정 계절의 편재성 없음

자료: 저자

② 관광개발 기본계획

1) 추진 방향

문화체육관광부는 관광자원을 효율적으로 개발하고 관리하기 위하여 전국을 대상으로 법정계획인 관광개발기본계획을 10년마다 수립해야 한다. 그 내용은 전국의 관광 여건과 관광 동향(動向)에 관한 사항, 전국의 관광 수요와 공급에 관한 사항, 관광자원 보호 · 개발 · 이용 · 관리 등에 관한 기본적인 사항, 관광권역(觀光圈域)의 설정에 관한 사항, 관광권역별 관광개발의 기본방향에 관한 사항, 그 밖에 관광개발에 관한 사항 등을 반드시 포함해야 한다.

2) 성격

관광개발 기본계획은 관광개발의 미래상을 제시하는 관광진흥법에 나타난 10년 단위 법정계획으로 우리나라 관광의 중장기 발전을 위한 정책목표와 수단을 제시한다. 전국을 대상으로 관광개발의 기본방향을 제시하는 종합계획으로 국가가 추구하는 개발의 기본방향을 설정 권역별로 추진 방안을 제시한다. 관광개발의 효율적 추진을 유도하는 전략계획으로 관광자원의 개발, 이용, 보호, 관리에 관한 포괄적, 체계적 전략을 제시한다.

3) 관광권역의 개념과 목적

관광권역은 관광자원을 효율적으로 개발, 관리, 보존하여 관광객의 관광 욕구 충족을 위해 우리나라 전 국토에 분포한 관광자원을 지역 특성에 따라 합리적으로 분류하는 것을 말한다. 관광권역을 설정하는 목적은 미래지향적 관광개발 패러다임을 바탕으로 관광개발의 비전과 권역의 방향성을 제시하며, 관광개발에 대한 국제적 투자, 관심, 경쟁이 심화하는 가운데 국제경쟁력을 갖춘 관광 발전 기반을 구축하기 위함이다. 또한, 국민 삶의 질과 지역발전을 위한 지역 특성을 고려하고, 지역주민의 소득증대에 이바지하며 지역과 상생 발전을 꾀하기 위해 관광권역 설정이 필요하다.

표 10-2 시기별 관광개발 비전과 관광권역 명칭

구분	비전	관광권역
제1차 (1992~2001)	전 국토의 관광지화 구상	5대권 24개발 소권
제2차 (2002~2011)	21세기 한반도 시대를 열어가는 관광대국 실현	16개 시·도
제3차 (2012~2021)	글로벌 녹색한국을 선도하는 품격있는 선진관광	· 광역관광권 · 초광역 관광벨트
제4차 (2022~2031)	미래를 여는 관광한국, 관광으로 행복한 국민	3+4 광역연합관광권

자료: 저자

그림 10-1 시기별 관광권역

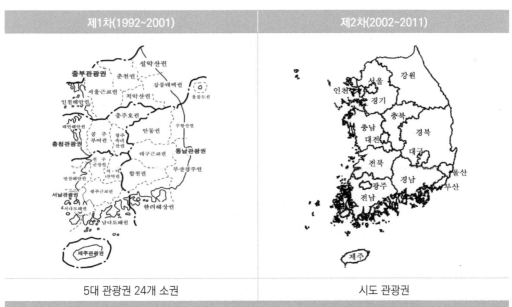

제1차(1992~2001)	제2차(2002~2011)
5대 관광권 24개 소권	시도 관광권

제3차(2012~2021)

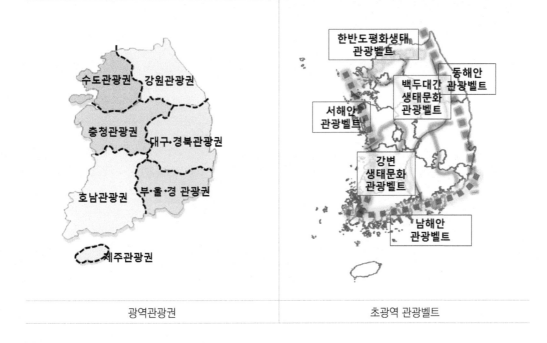

광역관광권	초광역 관광벨트

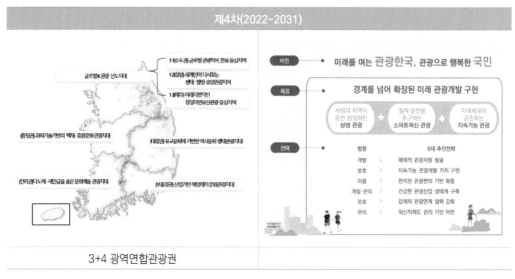

자료: 관광개발정보시스템(https://www.tdss.kr)에서 저자 재정리

③ 관광개발 권역계획

관광개발 권역계획은 시·도지사(제주도지사 제외)가 기본계획에 따라 구분된 권역 대상으로 5년마다 "권역계획"을 수립해야 하며, 내용은 권역의 관광 여건과 관광 동향에 관한 사항, 권역의 관광 수요와 공급에 관한 사항, 관광자원의 보호·개발·이용·관리 등에 관한 사항, 관광지 및 관광단지의 조성·정비·보완 등에 관한 사항, 관광지와 관광단지의 실적 평가에 관한 사항, 관광지 연계에 관한 사항, 관광사업의 추진에 관한 사항, 환경보전에 관한 사항, 그 밖에 그 권역의 관광자원 개발과 관리 및 평가를 위하여 필요한 사항 등을 반드시 포함해야 한다.

표 10-3 제7차(2022~2026) 권역별 관광계획 시도별 비전과 목표

권역	비전	목표
서울	고품격 글로벌 관광매력도시 서울	서울만의 매력 발굴과 도시관광경쟁력 확보, 2026년 2천만 명 외래관광객 유치
인천	스마트에 기반한 이음 관광도시 인천	자원과 공간의 이음, 공간과 관광의 이음, 시간과 관광의 이음, 사람과 사람의 이음, 가치와 가치의 이음
대전	일상생활의 행복을 연결하는 관문형 관광성장도시	거점형 플랫폼 도시, 테마형 플랫폼 도시, 맞춤형 관광 플랫폼 도시
세종	'대한민국 문화수도' 세종특별자치시	호텔숙박 시설 1,723실, 313~486실 규모의 호텔 추가 유치, 전반적인 만족도 2002년 74.9에서 2026년 78.5로 설정
대구	즐거운 관광도시, 미래형 관광도시, 대구	특화 콘텐츠를 활용한 스마트 대구, 관광트렌드에 앞서가는 스타일리쉬 대구, 상생관광을 통한 발전하는 대구, 관광객 1,200만 명. 체류시간 1.6일, 관광소비 155,000원
광주	모두가 행복한 문화예술 스마트관광도시	예술과 문화산업, 생태 기반의 차별화된 Only One 관광 추구
울산	어울림 생태관광도시, 울산	어울림 관광특화도시 울산, 영남권 대표 관광체류도시 울산, 관광객·지역민 중심의 관광친화도시 울산, 국민국내관광총량 670만 명, 외래관광객총량 18만 명, 총괄 관광총량 688만 명, 지정관광단지 2개소 및 관광호텔 및 콘도미디엄 객실 수 7,583
부산	모두의 일상이 여행이 되는 도시, 부산	해양의 열린 관광, 시대를 잇는 관광, 자연 속 하나되는 관광, 사람과 공간을 연결하는 관광, 내국인관광 총량 2,332만 명, 외국인 관광객 총량 255.46만 명, 관광지 5개, 관광단지 1개소, 관광특구 2개소, BEXCO 26,505만 명
경기	모두를 위한 관광, 글로컬 경기관광	사람과 문화, 지역이 함께 성장하는 상생관광, 미래세대와 공존하는 지속가능 관광, 새로운 변화를 추구하는 스마트 혁신관광
강원	쉼으로 채우는 삶, 강원에서	세계적 수준의 매력과 서비스를 갖춘 강원, 과거와는 다른 자원의 가치제고를 통해 관광객과 지역민 모두 행복한 강원, 코로나19 이후 관광혁신과 뉴노멀에 적극 대응하는 강원, 외래관광객 유치 확대 10.0%, 국민국내관광객연 47,867명, 관광단지 17개소, 지정관광지 43개소 등
충북	미래관광재설계 융복합 관광메카 충북	융·복합 관광산업 중점 육성을 통한 일자리 창출, 고유자원 창의적 활용, 관광 소프트 경쟁력 강화를 통한 로컬 관광 지향, 세계로 연결하는 동북아 관광 중심 성장 기반 구축
충남	일상을 선물하는 충남, 발길이 머무는 행복관광 충남	사람 Human : 방문객과 정주자가 함께 행복한 충청남도, 공간 Space : 방문지의 추억이 삶의 일부가 되는 충청남도, 산업 Work : 호스피탤러티산업이 곧 지방경제 미래 성장동력

전북	천년 역사문화여행 체험 1번지, 전북	안전하고 깨끗한 여행 환경 조성, 공정기반 스마트 관광 체계 구축, 상생협력 지역관광 생태계 조성
전남	해양생태 관광중심, 블루투어 전남	동북아 해양관광 중심지 도약, 체류형 생활관광 활성화, 스마트형 하이브리드 관광개발, 도민중심 전남 특화관광, 히스토리텔링 관광루트 개발
경북	세계로 열린 문화·생태 관광거점	지속가능한 친환경적 관광기반 확충, 지역특화 관광산업 생태계 구축, 주민과 방문객이 함께 만드는 관광실천, 국민국내 관광수요 3,457만 명, 외래 관광수요 57.2만 명, 관광특구 4개, 38.65㎢ 등
경남	도민의 행복한 삶이 관광으로 이어지는, 남부권 관광거점	경남형 체류관광거점조성, 관광객과 지역민이 함께하는 관광시스템 구축, 지속가능한 관광생태계조성, 국민 국내방문지 전국 2위, 지역관광발전지수 1등급, 1회 평균 여행지출액 13만 원 이상

자료: 문화체육관광부(2021)에서 저자 재정리

부록

알면 쓸모 있는 관광자원 용어

관광
자원론

Tourism Resources

알면 쓸모 있는 관광자원 용어

① 지붕 종류

1) 팔작지붕

우진각지붕 위에 맞배지붕을 올려놓은 것과 같은 모습이다. 시기적으로 가장 늦게 나타났고 조선시대 권위 건축에서 가장 많이 사용했다. 규모와 관계없이 중심 건물은 팔작으로 하는 경우가 대부분이다. 용마루, 내림마루, 추녀마루를 모두 갖춘 지붕 형태로 가장 복잡한 지붕 형태이다. 대표 건축물은 국보 제223호 경복궁 근정전이다.

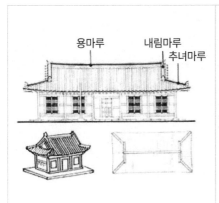

2) 맞배지붕

가장 간단한 지붕 형식이며, 지붕면이 양면으로 경사를 지어 책을 반쯤 펴놓은 八자형으로 되었다. 정면에서 보면 장방형의 지붕면이 보이며, 측면에서는 지붕면 테두리(내림마루)가 보일 뿐이다. 대표 건축물은 국보 제49호 수덕사 대웅전이다.

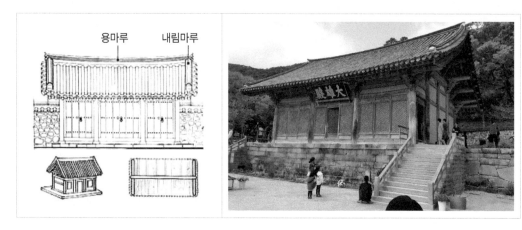

3) 우진각지붕

초가집 대부분이 우진각지붕이며 기와집 중에서도 살림집 안채는 우진각 집이 압도적으로 많다. 그러나 사찰이나 궁궐 등의 권위건축에서는 거의 사용하지 않았다. 다만 조선시대 숭례문과 흥인지문, 수원 화성의 장안문과 팔달문 등 성곽의 문루나 해인사 장경판전 등의 특수건물에서만 볼 수 있다. 대표 건축물은 사적 제124호 덕수궁 대한문이다.

② 고건축 공포 양식

공포(栱包)의 사전적 의미는 처마 끝의 무게를 받치기 위하여 기둥머리에 짜 맞추어 댄 나무쪽을 말한다. 우리나라 고건축물은 대체로 주심포, 다포, 익공 양식으로 구분한다. 주심포는 기둥 위에만 공포가 있는 형식, 다포는 기둥 위뿐 아니라 기둥과 기둥 사이에도 공포가 놓이는 형식, 익공은 주심포계 중에서 새 날개 형상의 부재를 끼운 공포 형식이다.

주심포

다포

익공

사찰의 구조와 의미

- 피안교와 일주문(一柱門): 피안교는 사찰 입구의 다리로 불국토인 사찰을 속세와 구분 짓는 역할을 한다. 일주문은 사찰 입구의 첫 번째 문으로, 기둥이 한 줄로 되어 있는 데서 유래된 말이다.

- 금강문(金剛門): 불교 사찰 입구의 일주문 다음에 있는 문으로, 사찰의 대문 역할을 한다. 불법의 수호신인 금강역사(金剛力士)를 모시는 문이다.

- 천왕문(天王門): 사찰로 들어서는 3문(門) 중 두 번째 문으로, 불법을 수호하는 외호신 (外護神)인 사천왕이 안치된 전각이다. 일반적으로 ▷비파를 들고 있는 지국천왕(持國 天王)은 동쪽 ▷용과 여의주를 들고 있는 광목천왕(廣目天王)은 서쪽 ▷칼을 든 증장천 왕(增長天王)은 남쪽 ▷탑을 들고 있는 다문천왕(多聞天王)은 북쪽을 수호한다.

- 불이문(不二門): 불이(不二)는 '본래 진리는 둘이 아님'을 뜻하는 말로, 불이문은 사찰 로 들어가는 3개의 문 중 사찰의 본전에 이르는 마지막 문이다.

- 대웅전(大雄殿)과 영산전(靈山殿): 대웅전은 석가모니불을 봉안한 사찰의 중심 건물 로, 대웅보전(大雄寶殿)이라고도 한다. 주불로 석가모니불을 모시고 좌우에 아미타불 과 약사여래를 모시기도 한다. 영산전은 석가모니와 팔상탱화를 모신 법당으로 '팔상 전'이라고도 한다. 팔상탱화는 사찰에서 석가모니의 일대기를 여덟 시기로 나누어 그 린 탱화를 말한다.

- 나한전(羅漢殿): 부처님의 제자인 나한을 모신 법당으로, 나한은 '아라한(阿羅漢)'의 약 칭이다. 아라한은 공양받을 자격을 갖추고 진리로 사람들을 충분히 이끌 수 있는 능 력을 갖춘 사람들이므로, 나한전을 '응진전(應眞殿)'이라고도 한다.

- 대적광전(大寂光殿)과 극락전(極樂殿): 대적광전은 연화장세계(蓮華藏世界)의 교주 비 로자나불을 모시는 곳이며, 극락전은 대웅전 다음으로 많은 사찰의 당우로 불교도의 이상향인 서방극락정토를 묘사한 법당이다. 극락전은 극락의 주불인 아미타불을 모 셨기 때문에 '아미타전' 또는 '무량수전'이라고도 한다.

- 약사전(藥師殿)과 관음전(觀音殿): 약사전은 약사여래불을 봉안해 놓은 사찰의 불전 으로, 대개 극락전과 마주보게 지어진다. 관음전은 관세음보살(觀世音菩薩)을 주불로

모신 불전으로, 관음보살이 중생의 고뇌를 주원융통하게 씻어준다는 뜻에서 '원통전(圓通殿)'이라고도 한다.

· 지장전(地藏殿)과 미륵전(彌勒殿): 지장전은 지장보살을 모신 법당으로 유명계의 시왕(十王)을 봉안하고 있기 때문에 '시왕전(十王殿)'이라고도 한다. 미륵전은 미륵불을 모신 법당으로 '용화전(龍華殿)', '장륙전(丈六殿)'이라고도 한다.

· 진영각(眞影閣)과 삼성각(三聖閣): 진영각은 훌륭한 고승들을 모신 곳으로, 주로 그 절의 창건주 스님과 역대 고승을 모신다. 삼성각은 산신(山神) · 칠성(七星) · 독성(獨聖)을 모신 법당으로 사찰에 따라 각기 따로 모시기도 한다.

· 금강계단(金剛戒壇): 석가모니의 유골인 불사리를 모시고 수계 의식을 집행하는 곳이다. 우리나라에서는 경남 양산 통도사(通度寺)에 있는 금강계단이 잘 알려져 있다.

④ 부도

부도(浮屠)는 승려의 사리나 유골을 안치한 묘탑(墓塔)으로 부도에는 다른 석조물과 달리 탑비(塔碑)가 따로 세워져 있어 부도의 주인공과 그의 생애 및 행적 등을 알 수 있을 뿐만 아니라 더 나아가 당시의 사회상·문화상 등을 알 수 있어 주목된다. 이와 아울러 각 부의 정교한 불교 조각과 화려한 장식 문양도 조각의 극치를 보이며, 형태도 전체적으로 균형 잡힌 조형으로 조화미를 나타내고 있어 우리나라 석조미술의 백미로 꼽힌다.

양주 회암사지 무학대사탑 보물 제388호

⑤ 당간지주

　　당간지주(幢竿支柱)는 불교 사찰에서 당간을 세우기 위한 지지대로 쓰이는, 한 쌍의 돌로 된 구조물이다. 당간지주는 석재로 제작되기 때문에 폐사지에서 많이 발견된다. 당간지주는 통일신라시대부터 당을 세우기 위하여 사찰 앞에 설치되었던 건조물이면서, 한편으로는 사찰이라는 신성한 영역을 표시하는 구실을 했다. 이러한 관점에서 볼 때 당간지주는 선사시대의 '솟대'와도 일맥상통한다.

안양 중초사지 당간지주

⑥ 불상

　불상에는 석가모니불, 비로자나불, 아미타불, 약사불, 미륵불 등이 있다. 석가모니불은 산스크리트어 "샤카무니"로 샤카족의 성인이란 뜻이다. 석굴암 불상이 우리나라 최고의 석가불상이며, 비로자나불은 모든 부처님 전신의 법신불, 아미타불은 대승불교에서 서방 정토 극락세계에 머물면서 법을 설파한다는 부처, 약사불은 동방정유리 세계에 있으면서 모든 중생의 질병을 치료하는 부처, 미륵불은 미래 사바세계에 나타나 중생을 구제한다는 부처다.

석가모니불	비로자나불
아미타불	약사불

미륵불

⑦ 불상의 수인

불상의 손 모양을 수인(手印)이라고 하며, 고대 인도의 춤 동작에서 비롯되었다고 한다.

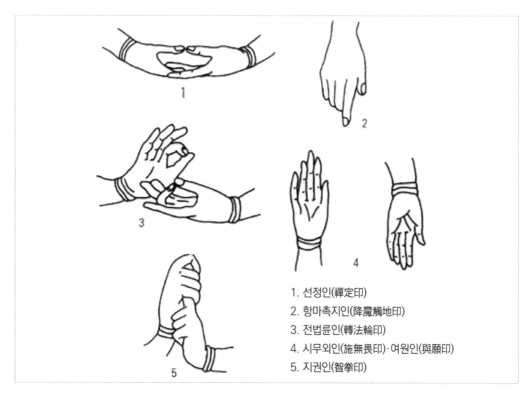

1. 선정인(禪定印)
2. 항마촉지인(降魔觸地印)
3. 전법륜인(轉法輪印)
4. 시무외인(施無畏印)·여원인(與願印)
5. 지권인(智拳印)

① 선정인(禪定印)

결가부좌 상태로 참선 즉 선정에 들 때의 수인이다. 왼쪽 손의 손바닥을 위로 해서 배꼽 앞에 놓고, 오른손도 손바닥을 위로 해서 그 위에 겹쳐 놓으면서 두 엄지손가락을 서로 맞대어 놓는 형식이다.

② 항마촉지인(降魔觸地印)

부처님이 마왕 파순의 항복을 받기 위해 자신의 수행을 지신(地神)에게 증명해 보라고 말하면서 지은 수인이다. 선정인에서 왼손은 그대로 두고 위에 얹은 오른손을 풀어 손바닥을 무릎에 대고 손가락으로 땅을 가리키는 모습으로 부처님의 깨달음의 순간을 표현한다.

③ 전법륜인(轉法輪印)

부처님이 성도 후 다섯 비구에게 첫 설법을 하며 취한 수인으로, 시대에 따라 약간씩 다른데 우리나라에는 그 예가 많지 않다.

④ 시무외인(施無畏印)·여원인(與願印)

시무외인은 중생의 두려움을 없애주어 우환과 고난을 해소시키는 덕을 보이는 수인이다. 손의 모습은 다섯손가락이 가지런히 위로 뻗치고 손바닥을 밖으로 하여 어깨 높이까지 올린 형태이다. 여원인은 부처님이 중생에게 자비를 베풀고 중생이 원하는 바를 달성하게 하는 덕을 표시한 수인이다. 손의 모습은 손바닥을 밖으로 하고 손가락은 펴서 밑으로 향하며, 손 전체를 아래로 늘어뜨리는 모습이다. 이 시무외인과 여원인은 부처님이 두루 취하는 수인으로 통인(通印)이라고도 하며, 석가모니불 입상(立像)의 경우 오른손은 시무외인, 왼손은 여원인을 취하고 있다.

⑤ 지권인(智拳印)

비로자나부처님의 인상(印相)으로 오른손으로 왼손의 둘째 손가락 윗부분을 감싸는 형태를 취하는데 이와 반대의 경우도 있다. 곧 오른손은 부처님의 세계를 표현하고 왼손은 중생계를 나타내는 것으로서 이와 같은 결인(結印)은 중생과 부처님이 하나임을 뜻한다.

⑧ 범종

범종(梵鐘)은 시각을 알려주는 실용적인 기능도 있지만, 의례용, 특히 불가에서는 종교적 기능도 지니고 있어 사찰용 종을 따로 범종이라 말하며, 한국 범종의 전형적인 양식과 형태는 통일신라시대에 주조된 상원사 동종과 성덕대왕 신종에서 비롯되었다. 한국 범종의 전형으로 대표되고 기본적인 양식을 갖춘 범종은 신라시대의 범종이다. 한국종은 한국 고유의 창출(創出)로 '소리' 및 아름다운 '미'에서 세계 제일로 평가되는 우리나라 금속공예품으로서, 민족의 긍지를 후손에게 남겨준 귀중한 유물이라 할 수 있다. 성덕대왕 신종은 우리나라에서 현존하는 가장 큰 종이며, 상원사 동종은 우리나라에 현존하는 가장 오래된 종이다.

성덕대왕 신종 　　　　상원사 동종

⑨ 도자기

한반도에서는 지금부터 약 1만 년 전 처음 토기를 만들어 사용하기 시작했다. 이후 수천 년 동안 고온건조 기술을 발달시켜 삼국시대에는 좀 더 단단한 경질 토기를 완성시켰고 9~10세기경 중국에 이어 세계에서 두 번째로 청자와 백자를 만들어냄으로써 고품격

도자 문화를 꽃피웠다.

고려의 우수한 공예 기술과 문화는 12세기 비색청자와 상감청자, 진사청자를 탄생시켜 도자기, 고려청자를 세계 최고의 수준으로 끌어올렸다. 당시 도자기의 종주국인 중국의 기록에 따르면 '청자는 고려의 비색청자가 천하제일이다.' 하며 중국인들이 동경할 만큼 고려청자의 수준은 매우 높았다.

그 후 고려청자의 성공은 분청사기를 거쳐 조선백자로 이어졌다. 14세기부터 세계인의 관심은 순도 높고 단단한 백자로 옮겨졌는데, 단연 아시아의 백자가 으뜸으로 여겨졌다. 조선 왕실은 1467년경 사용원 분원 관요를 설치하여 왕실 및 관청용 고급백자를 생산했다. 이후 백자는 조선 전역에서 널리 유행했고, 임진왜란(1592~1598) 동안 일본에 전파되어 동아시아와 세계 도자의 판도를 바꾸는 계기를 만들었다.

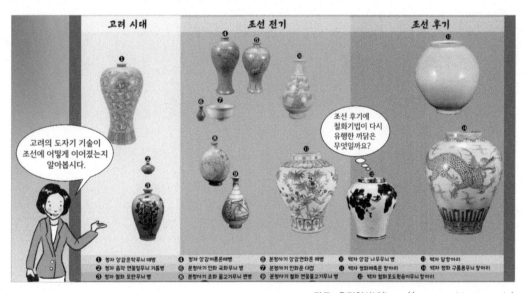

자료: 우리역사넷(http://contents.history.go.kr)

⑩ 능, 원, 묘

　왕족들의 무덤은 묻히는 사람의 신분에 따라 능, 원, 묘로 구분한다. 능(陵)은 통상 제왕(帝王)과 왕후(妃), 원(園)은 왕세자와 왕세자비 또는 왕 사친(私親)의 무덤을 말하며, 그 외 왕족(대군, 군, 공주, 옹주, 후궁)과 폐왕의 무덤은 일반인과 같이 묘(墓)라 불린다. 왕에서 군으로 격하된 연산군과 광해군의 무덤은 연산군묘, 광해군묘와 같이 불리는 반면, 추존된 원종이나 덕종의 무덤은 장릉, 경릉 등 능으로 격상하여 부르고 있다.

파주 삼릉 중 공릉

파주 소령원

구리 명빈묘

공릉은 조선 8대 예종의 첫 번째 왕비 장순왕후 한씨의 단릉이다. 왕세자빈의 신분에서 세상을 떠났기 때문에 묘제의 형식에 맞게 조성하였다.
소령원은 조선 19대 숙종의 후궁이자 21대 영조의 사친인 숙빈 최씨의 원이다. 왕릉의 형식과 비슷하게 조성되었다.
명빈묘는 조선 3대 태종의 후궁 명빈 김씨의 묘소다. 호석과 곡장이 없고, 일반 후궁묘제의 형식으로 봉분, 문석인, 상석, 향로석, 묘표석만 설치되어 있다.

참고문헌

경기도 광주시 문화관광(https://www.gjcity.go.kr/tour)

공공누리(https://www.kogl.or.kr)

관광개발정보시스템(https://www.tdss.kr)

구글지도(https://www.google.co.kr/maps)

국가법령정보센터(https://www.law.go.kr/법령/관광진흥법)

국가법령정보센터(https://www.law.go.kr/법령/국가유산기본법)

국가법령정보센터(https://www.law.go.kr/법령/무형유산의 보전 및 진흥에 관한 법률)

국가법령정보센터(https://www.law.go.kr/법령/문화유산의 보존 및 활용에 관한 법률)

국가법령정보센터(https://www.law.go.kr/법령/자연유산의 보존 및 활용에 관한 법률)

국가유산청(https://www.khs.go.kr)

국가유산포털(https://heritage.go.kr)

국가지질공원(https://www.koreageoparks.kr)

국립공원공단(2024). 2024 국립공원 기본통계

국민일보(https://www.kmib.co.kr)

김범진·고호석(2021). 포스트 코로나에 대비한 해양레저관광 활성화 방안에 관한 연구. 지역산업연구. 44(4)

농사로(https://www.nongsaro.go.kr)

대한민국 역사박물관(https://www.much.go.kr)

대한민국 테마여행10선(https://ktourtop10.kr)

두산백과 두피디아(https://www.doopedia.co.kr)

문화체육관광부(2021). 제7차 권역별 관광개발계획 검토 및 조정 방안

문화체육관광부(2023). 2022년 기준 관광동향에 관한 연차보고서

문화체육관광부(2023). 2022 국민여행조사 통계편

문화체육관광부(2023). 2022년 군립공원 지정 현황

문화체육관광부(2023). 2022년 도립공원 지정 현황

문화체육관광부(2023). 2023년 국내 카지노업체 현황

문화체육관광부(2023). 2023년 지역축제 개최 계획

바다여행(https://www.seantour.com)

산림청(2018). 산림관광 활성화 세부 추진계획(안)

산림청(2022). 임업통계연보

수자원환경산업진흥(https://www.kweco.or.kr)

신동주·손재영(2007). 해양관광발전을 위한 여건분석과 정책과제. 해양정책연구. 22(2)

신평양조장(https://www.koreansul.co.kr)

안동시 농업기술센터(https://www.andong.go.kr/agritec)

양주시(2019). 2019 양주시 통합관광자원조사 학술연구

여행신문(https://www.traveltimes.co.kr)

우리나라 생태관광 이야기(http://www.eco-tour.kr)

위키백과(https://ko.wikipedia.org)

유네스코와 유산(https://heritage.unesco.or.kr)

인천광역시 문화관광(https://www.incheon.go.kr/culture)

체육시설의 설치·이용에 관한 법률 시행규칙 [별표 4] 체육시설업의 시설 기준

통계청(https://kostat.go.kr/ansk)

픽사베이(https://pixabay.com/ko)

한국골프장경영협회(http://www.kgba.co.kr)

한국관광공사(https://knto.or.kr)

한국농수산식품유통공사(https://www.at.or.kr)

한국농촌경제연구원(2012). 농촌관광의 새로운 방향과 정책과제

한국문화관광연구원(2009). 산업관광 활성화 방안

한국문화관광연구원(2013). 섬 관광 활성화 방안 연구

한국문화관광연구원(2016). 문화관광축제 지정에 따른 효과 분석

한국문화관광연구원(2021). 축제의 인문학적 제논의 분석 연구

한국해양수산개발원(2008). 어촌관광을 통한 어촌 활성화 방안

한국해양수산개발원(2021). 휴양과 레저, 문화가 공존하는 마리나. 37

해양수산부(2014). 해양신산업 육성과 일자리 창출을 위한 마리나산업 육성대책

해양수산부(2019). 해양레저관광 활성화 대책

해양수산부(2020). 제2차(2020~2029) 마리나항만 기본계획

행정안전부(2023). 2022 전국 온천 현황

행정안전부(2023). 2022 찾아가고 싶은 여름 섬

현대모터스튜디오(https://motorstudio.hyundai.com)

환경부(2024). 2023 환경백서

https://jinsangpum.tistory.com/318

https://url.kr/9jg3lv

https://url.kr/nwiqps

https://url.kr/zve5h4

https://www.golfjournal.co.kr

저자소개

공윤주

e-mail : tour71@bau.ac.kr
(現) 백석예술대학교 호텔관광학부 교수
경기대학교 대학원 관광경영학과 졸업(관광학박사)
동양미래대학교 관광컨벤션과 교수
서울호서직업전문학교 관광경영과 교수
서울신학대학교 관광경영학과 외래강사
신한대학교 글로벌관광경영학과 외래강사
서영대학교 외래강사
(주)올리브항공여행사 과장
(주)사조인터내셔날 여행사업부 과장
(주)경기항공여행사 과장
(사)한국관광레저학회 평생회원
(사)한국국외여행인솔자협회 감사
(사)한국항공서비스협회 이사
(사)한국관광레저개발원 이사
• 서울특별시 지방보조금관리위원회 위원
• 서울특별시 민간축제 평가위원
• 서울관광재단 심사평가위원
• 경기도지사 표창
• 경기관광공사 심사평가위원
• 경기도 지역축제 현장 평가단
• 경기도 평화누리길 주민홍보단
• 관광통역안내사 정답심사위원
• 조달청 관광레저분야 평가위원
• 한국관광공사 생태녹색관광 중간 점검 평가위원
• 호텔업 등급평가요원

[저서]
• 관광자원론, 백산출판사(2023, 2024)
• 여행사 경영과 실무, 백산출판사(2020, 2023)
• 관광법규, 백산출판사(2022)
• 세계관광과 문화, 백산출판사(2018, 2020, 2023)
• Tour Conductor 서비스실무, 대왕사(2015)

저자와의
합의하에
인지첩부
생략

관광자원론

2023년 9월 5일 초 판 1쇄 발행
2024년 8월 31일 제2판 1쇄 발행

지은이 공윤주
펴낸이 진욱상
펴낸곳 (주)백산출판사
교 정 성인숙
본문디자인 신화정
표지디자인 오정은

등 록 2017년 5월 29일 제406-2017-000058호
주 소 경기도 파주시 회동길 370(백산빌딩 3층)
전 화 02-914-1621(代)
팩 스 031-955-9911
이메일 edit@ibaeksan.kr
홈페이지 www.ibaeksan.kr

ISBN 979-11-6567-904-0 93980
값 25,000원